JN120850

体内リズムをめぐる生物学

田中 実 編著

by Minoru Tanaka

アドスリー

はじめに

地球は1日24時間のリズムで自転しながら太陽の周りを廻っているため、昼と夜が周期的に繰り返します。その環境で暮らす動物にも、昼間に活動して夜間は休息する昼行性と、夜間に活動して昼間に休息する夜行性といった活動のリズムが生じています。昼行性あるいは夜行性の活動リズムは1日の昼夜のリズムに合わせたリズムのように見えますが、暗闇の中での生活を続けても、昼行性、夜行性を問わず、動物の活動リズムは概ね24時間の周期で繰り返します。このおよそのリズムは「該日リズム」あるいは英語名で「サーカディアンリズム」とよばれます。つまり動物の体内には時間を計る時計が存在するのです。

動物に「体内時計」が存在することは古くから現象としてわかっていましたが、現在では体内時計が、遺伝子とタンパク質を部品として構築されており、その調節のしくみも明らかになっています。さらに体内時計は脳にだけ存在するのではなく、体内のほとんどの組織の細胞に存在し、そのリズムに狂いが生じると体内の生理機能に大きな影響を与えていることがわかっています。その重要性が評価され、２０１７年のノーベル生理学・医学賞は時計タンパク質の遺伝子の発見に功績のあった米国の3名の研究者が受賞しました。

動物の体は、1個の卵子が精子と受精して受精卵となり、受精卵が分裂して数を増やしながら特定の役割を担う組織の細胞へと分化していき、成熟した個体として完成します。メスの卵巣においては常に卵子の発育・成熟・排卵という性周期のリズムが繰り返しています。そして排卵された卵子が精子と受精して受精卵となり、次世代が誕生します。このような生殖周期は動物の意志とは無関係に、体内で周期的に分泌される種々のホルモンの作用によって生じていますが、ホルモンの周期的分泌にも体内時計が関与しています。

また、地球上の赤道付近以外の地域では、1年単位に春、夏、秋、冬という季節のリズムが繰り返されます。特に日本のような中緯度の国においては、各季節によって日照時間や気候が大きく変わります。食糧を自然環境に依存する野生動物にとって季節の変化を感知することは、個体の生存はもとより子孫の生存にとって重要です。そのため動物の多くは日照時間の変化によって季節のリズムを感知し、食糧が豊富な春から夏にかけて子育てができるように繁殖活動を行います。こうした性質を「光周性」と言いますが、光周性は日照時間と体内時計によって制御されています。

以上のように動物が命をつないでいくための行動および体内の生理機能の多くに周期的なリズムがあり、体内リズムは個体の健康と種の生存にとって重要なしくみです。本書では日常生活では実感されない体内時計による日内リズム、生殖のリズム、季節繁殖リズムのしくみと役割について紹介します。

本書は3章から構成されていますが、興味のあるところから読み始めていただいてけっこうです。本書を読んで、健康を維持し命をつなぐために体内で生じている体内リズムについて、理解を深めていただければ幸いです。

最後に本書の企画から編集の細部にわたりお世話になりました株式会社アドスリー代表取締役・横田節子氏、石井宏幸氏、三枝元樹氏に感謝します。

2020年 睦月

田中 実

目次

はじめに ……………………………………… 3
第1章　1日のリズムを刻む体内時計―そのしくみと重要性― ………… 田中 実 11
はじめに ……………………………………… 12
体内時計のしくみ ……………………………………… 13
1　遺伝子とタンパク質でできた体内時計 ……………… 13
2　ノーベル賞をもたらしたハエの体内時計の研究 ……… 15
3　哺乳類の体内時計のしくみ ……………………… 17
4　体内リズムの主時計 ……………………………… 18
5　光が主時計をリセットする ……………………… 18
6　昼夜リズムと体内時計がずれすぎるとジェットラグが生じる …… 20
7　末梢組織の体内時計は食事のリズムに同調する ……… 20
ホルモンの分泌リズムと体内機能の調節 ………………… 22
1　夜間に眠りを誘うメラトニン …………………… 24
（1）メラトニンの分泌リズム ……………………… 24
（2）ミラクルとよばれたメラトニンの多様な作用 ……… 25
2　名称のとおりにはたらく成長ホルモン ……………… 27
（1）成長ホルモンの分泌と成長促進作用のしくみ ……… 27

（2）成長ホルモンの分泌リズム …… 29
（3）背が伸びるのは『はたち』まで …… 29
3　危機に対処するコルチゾール …… 30
（1）コルチゾールの作用 …… 30
（2）コルチゾールの分泌とリズム …… 31
4　血糖値を下げるために孤軍奮闘するインスリン …… 33
（1）インスリンの分泌リズム …… 34
（2）インスリンが匙を投げてしまった〝想定外〟の糖尿病 …… 35
エネルギーを生み出す呼吸のリズム …… 36
1　なぜ呼吸をしなければならないのか …… 36
2　体内エネルギーの産生経路―完全燃焼と不完全燃焼― …… 38
（1）完全燃焼によるエネルギー産生 …… 38
（2）筋肉でのやむを得ない不完全燃焼 …… 39
体内時計とエネルギー代謝 …… 40
1　体内時計が壊れるとメタボになる …… 40
2　体内時計の理解がメタボを防ぐ …… 42
睡眠のリズム …… 43
1　レム睡眠とノンレム睡眠 …… 44
2　アデノシンが眠気を誘いカフェインが眠気を覚ます …… 45
3　社会的ジェットラグ …… 47
おわりに …… 47

第2章　生殖リズム

斎藤　徹

第2章　生殖リズム …… 51
はじめに …… 52
生殖機能に見る神経内分泌活動リズム …… 53
1　春機発動と性成熟 …… 54
2　性周期（発情周期） …… 55
（1）完全性周期（complete estrous cycle） …… 57
（2）不完全性周期（incomplete estrous cycle） …… 58
（3）交尾刺激（post-coital ovulation） …… 58
①発情前期（proestrus） …… 60
②発情期（estrus） …… 61
③発情後期（metestrus） …… 61
④発情休止期（diestrus） …… 61
3　性行動 …… 63
4　受精と着床 …… 65
5　妊娠 …… 67
（1）妊娠維持 …… 67
（2）妊娠黄体の機能的維持 …… 70
6　分娩 …… 71
7　哺育 …… 72
（1）哺育行動 …… 72

（2）泌乳 …… 74
①乳腺の発育 …… 74
②泌乳の開始 …… 74
③泌乳の維持 …… 75
生殖機能に見る概日リズム …… 76
1　胎生期と概日リズム …… 78
2　性周期と概日リズム …… 79
3　妊娠期と概日リズム …… 83
おわりに …… 85

第3章　季節繁殖リズム …… 中尾　暢宏　91

はじめに …… 92
季節により繁殖活動が誘起される動物たち …… 93
繁殖活動にかかわるホルモン …… 94
季節繁殖を誘起する光はどこで感知する? …… 96
眼以外でも光を感じることができる—脳深部光受容器の発見— …… 97
光周性には連続した光は必要ない …… 98
光周性と概日時計 …… 100
光周性の中枢である視床下部内側基底部 …… 101
光周性と甲状腺ホルモン …… 102

哺乳類においてもMBHの*DIO2*と*DIO3*は光周性の鍵遺伝子である……106
光周性のマスターコントロール遺伝子……107
アイズアブセント3による甲状腺刺激ホルモンβサブユニットの転写制御……110
甲状腺刺激ホルモンは性腺機能の維持にもはたらいている……112
魚類における季節センサー……113
季節リズムの理解から……114
おわりに……115
著者紹介……118

第1章

1日のリズムを刻む体内時計

―そのしくみと重要性―

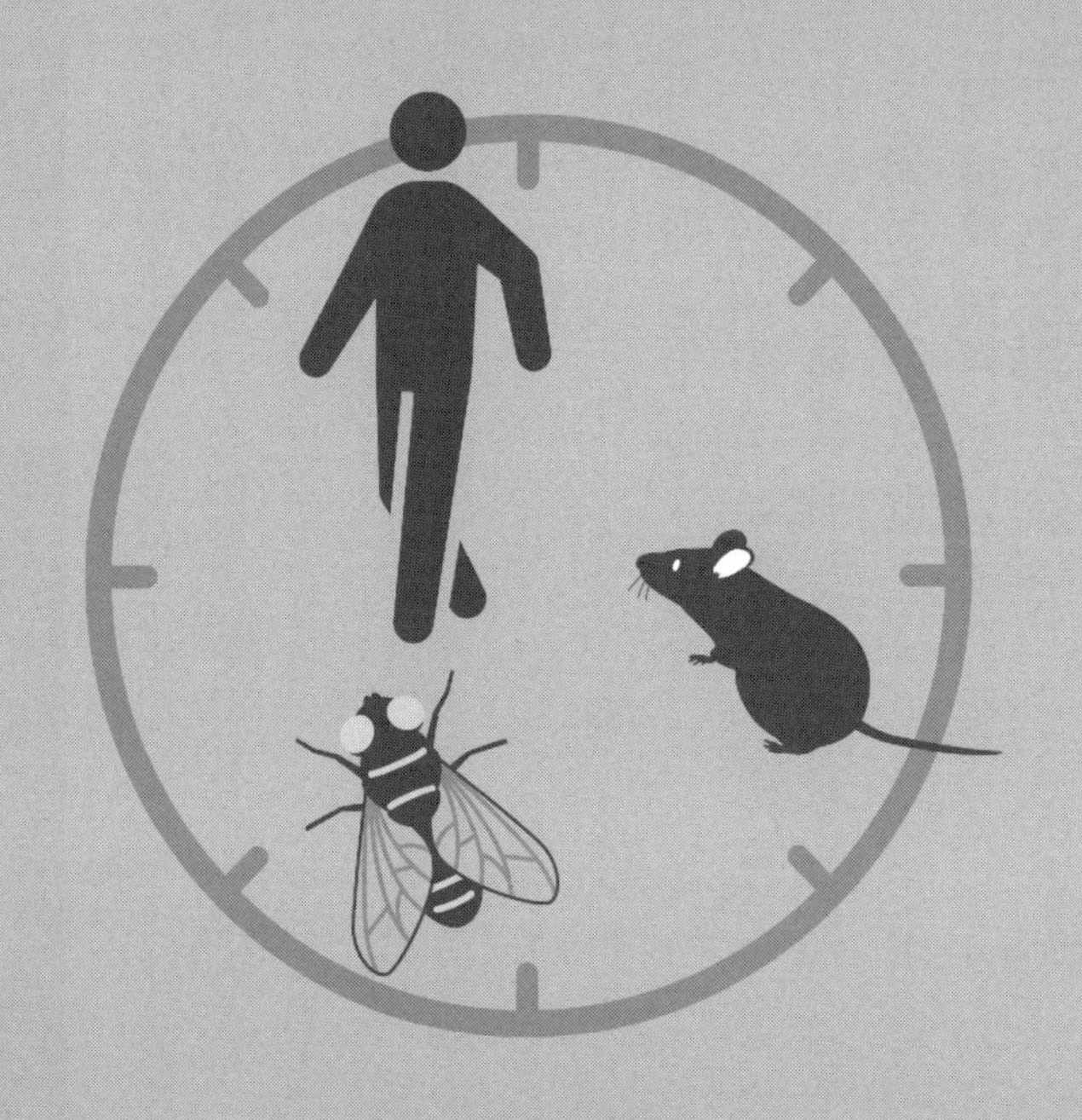

田中 実

日本獣医生命科学大学名誉教授

はじめに

地球上の生命体は細胞を基本単位として成り立っており、大腸菌のような単細胞生物から、人間のように数十兆の細胞から成る多細胞生物まで存在します。そして個々の細胞の中では、遺伝子の命令の下に、酵素をはじめとする多くのタンパク質分子が、人間社会における個々の人間のように協調しながらはたらいています。個々のタンパク質分子がいつ、どこで合成されるかは、遺伝子の命令によって決まりますが、その遺伝子の命令の発信はタンパク質によって調節されています。このようなタンパク質と遺伝子が相互に作用する生命の基本的なしくみの中に、生体内で時計のようにはたらくしくみ、すなわち「体内時計」の存在することがわかっています。

体内時計は概ね1日の長さの24時間のリズムで動くことから「該日時計」と言われます。人間が考案した時計が、スポーツ競技での0.01秒の速さの違いの測定に使用されるのに比べるとなんともおおらかに時を刻む時計ですが、体内時計から発振されるリズムは、脳をはじめ、心臓、肝臓、腎臓、筋肉などの細胞が協調してはたらき、体内の生理機能を正常に保つために必須であることが明らかになっています。

本章では、体内時計のしくみと生理機能に対するはたらきについて紹介します。

体内時計のしくみ

1　遺伝子とタンパク質でできた体内時計

人間が1日の時刻を正確に知るために考案した時計は、一定間隔のリズムを発振する装置とリズムの回数を基にした時刻を表す装置でできています。では体内時計のリズムの発振装置はどのような部品でできているのでしょうか？　私たち人間が使用している時計の針は1日を午前と午後に区別した12時間でひとまわりするようになっています。しかし、地球上の動物の体内時計は昼行性であるか夜行性であるかには関係なく、およそ24時間のリズムで動いていることがわかっています。そしてこの体内時計は生体の設計図である遺伝子と遺伝子の命令で作られるタンパク質でできていることが明らかになりました。

図1に遺伝子とタンパク質の作用によるタンパク質の増減リズムが形成される基本的なしくみを示します。

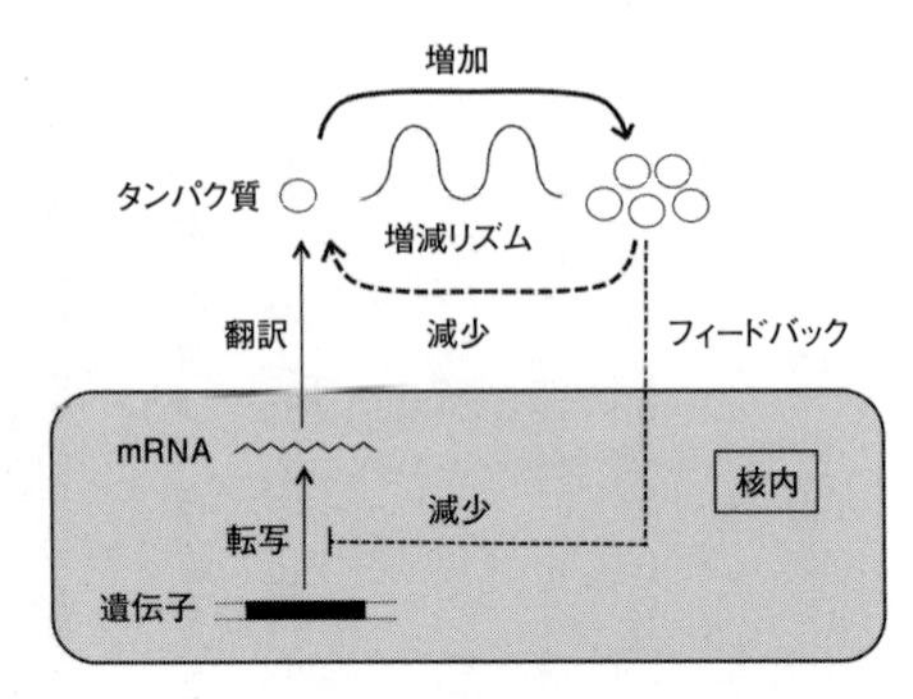

図１　遺伝子の情報により産生されるタンパク質のフィードバックによる増減リズムの形成

まず細胞の核内で、マスター設計図である遺伝子の中の必要とされる情報が、現場の設計図としてメッセンジャーＲＮＡ（ｍＲＮＡ）に転写されます。次いで、ｍＲＮＡが核外に移行してその情報がアミノ酸に翻訳され、アミノ酸が連結したタンパク質が合成されます。タンパク質の量が増加するとタンパク質が核内に移行して遺伝子の転写を抑制し、タンパク質の合成量が少なくなります。こうしたしくみによりタンパク質の増減リズムが形成されます。

このように生成物が製造過程にはたらきかけて自身の生成量を調節するしくみを「フィードバック」と言います。このしくみにより体内物質は自動的に適正な量に保たれます。

表1　ショウジョウバエと哺乳類の体内時計のコアとなるしくみにはたらくタンパク質

ショウジョウバエ	哺乳類	機能
ピリオド タイムレス	ピリオド1　ピリオド2 クリプトクローム	複合体となり、自身の産生を抑制し、増減リズムを形成する
クロック サイクル	クロック ビーマル1	複合体となり、上記タンパク質の遺伝子の転写を促進する

2　ノーベル賞をもたらしたハエの体内時計の研究

ショウジョウバエ（正確にはキイロショウジョウバエ）は体長が2〜3ミリメートルのハエで、1世代の期間が約10日と短く、遺伝子に変異を起こすのが容易であるため、遺伝子のはたらきを調べる研究によく用いられます。

ショウジョウバエは昼間に活動する昼行性ですが、真っ暗にした環境にしても24時間の生活リズムを維持し、以前に昼間であった時間に活動します。したがって、ショウジョウバエは光に関係なく24時間のリズムを計る体内時計を有していることがわかります。さらに、活動リズムの狂った個体が発見され、その異常が子孫に伝わっていったことから、体内時計に遺伝子が関与していることが明らかになりました。

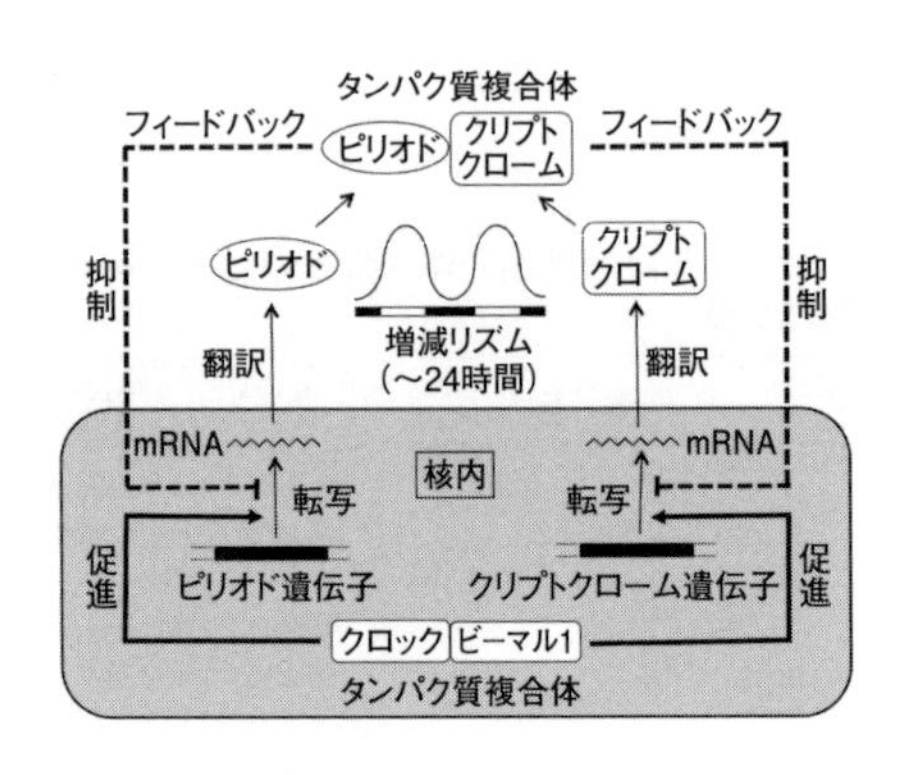

図2　哺乳類の体内時計のコアとなるしくみの概略

その後、体内時計にはたらいているピリオド、タイムレス、クロック、サイクルという4つの遺伝子が発見され、これら4種類の遺伝子の命令で作られるタンパク質の増減リズムを基本とした体内時計のしくみが明らかにされました[1、2]。この体内時計のコアとなるしくみは哺乳類にも存在しており（表1）、生体の生理機能に必須のはたらきをしていることが明らかになっています。そのしくみの解明に功績のあった3名の米国の科学者、メイン大学のジェフェリー・ホール博士、ブランダイス大学のマイケル・ロスバシュ博士、ロックフェラー大学のマイケル・ヤング博士が2017年にノーベル生理学・医学賞を受賞しました。

3　哺乳類の体内時計のしくみ

図2に哺乳類における体内時計のコアとなるしくみを示します。

まず、ピリオドとクリプトクローム の遺伝子の情報がｍＲＮＡに転写されます。次いで、ｍＲＮＡの情報に従って、ピリオドとクリプトクロームのタンパク質が作られます。この過程におけるピリオドとクリプトクロームの遺伝子の転写は、クロックとビーマル1が結合したタンパク質複合体によって促進されます。

ピリオドとクリプトクロームのタンパク質の量が増加すると、両タンパク質が結合して複合体となり、クロック・ビーマル1複合体による自身の ｍＲＮＡの転写の促進を妨害します。その結果、ピリオドとクリプトクロームの ｍＲＮＡが減少していき、タンパク質も減少します。すると、再びクロックとビーマル1の複合体によるピリオドとクリプトクローム遺伝子の転写が促進され、タンパク質の量が増加します。

このようなしくみによりピリオドとクリプトクロームの量は約24時間周期で増減を繰り返し、体内時計のリズムとなっています。現在では、体内時計のしくみにはコアとなる因子以外に多数の遺伝子およびタンパク質が関与することが明らかになっています[3]。

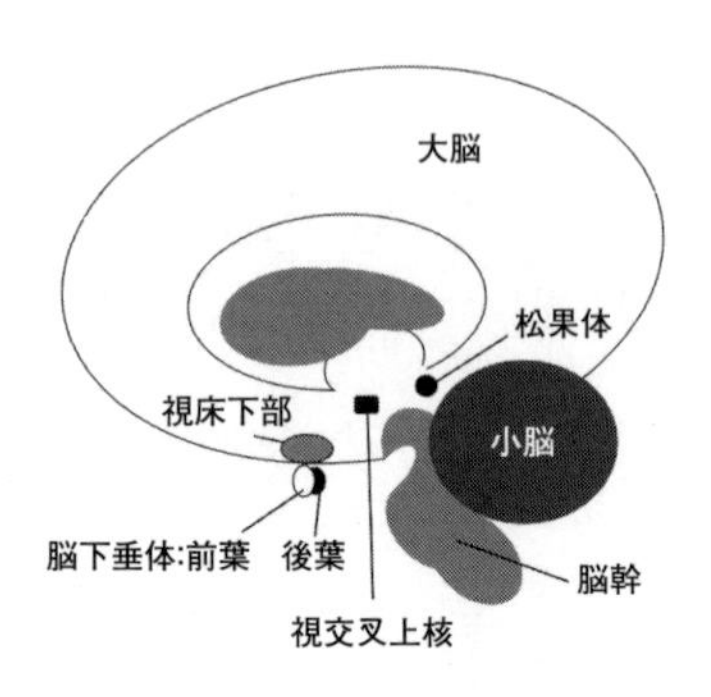

図3　第1章で取り上げる人間の脳部位の概略図

4　体内リズムの主時計

それでは体内時計はいったい体内のどこに存在するのでしょうか？　驚いたことに哺乳類のほとんどの組織の細胞で時計遺伝子ははたらいています。図3にこの章で取り上げる人間の脳部位の概略図を示してありますが、時計遺伝子が最も強くはたらいているのは、視交叉上核と言う脳の奥まった箇所の神経細胞です。視交叉上核は眼からの視神経が脳内で交叉している箇所の真上に位置し、ここから発振されるリズムが体内時計の主時計となり、他の部位の体内時計のリズムを統括しています。

5　光が主時計をリセットする

人間が外からの光の刺激がない洞窟で生活する

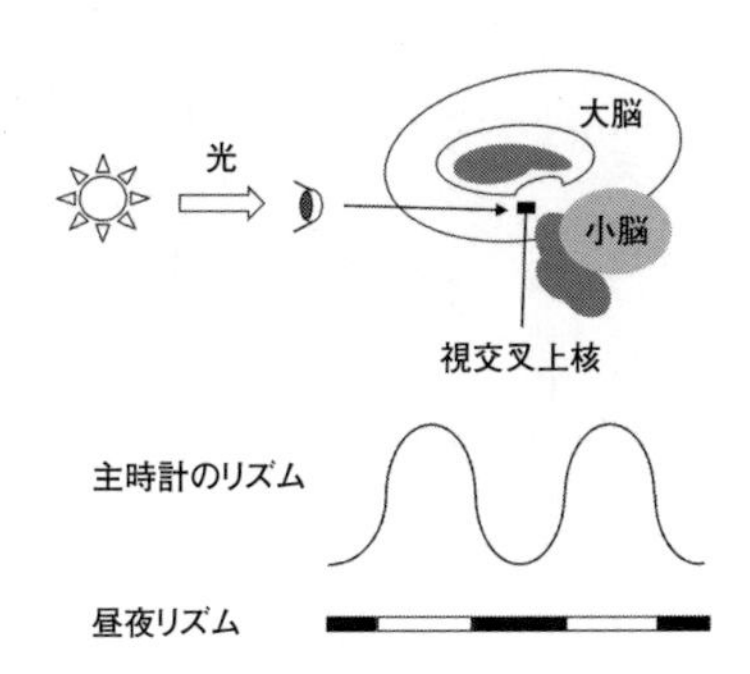

図4　光による体内の主時計の昼夜リズムへの同調

と、その活動の周期は25時間になるとされていましたが、厳密な環境条件下での測定では約24・2時間であることが報告されています[4]。また、実験動物のマウスの体内時計のリズムは逆に24時間よりもやや短くなっています[5]。マウスは夜行性ですから昼間は休み、夜間は活発に活動しますが、常に夜間だけの状況でも体内時計に従って以前の夜間であった時に活動するという周期を繰り返します。活動リズムが24時間からずれていると、次第に地球の昼夜リズムとのずれが大きくなっていき、いずれ活動期の昼夜が逆転してしまいます。こうしたことが起こらないように、通常の状況では、光によって視交叉上核の主時計が昼夜リズムに一致するようにリセットされます（図4）。

6　昼夜リズムと体内時計がずれすぎるとジェットラグが生じる

体内時計は光によってリセットされますが、時間を速めるか遅らせるかは光を受ける時期によって異なります。夜明け前に光を浴びると、体内時計は時間を早め、夜になった時期に光を浴びると、体内時計は時間を遅らせます。このしくみを「光同調」と言います。

通常の生活の場合、光同調によって調整できるのは1〜2時間程度です。ですから日本から時差の大きいアメリカやヨーロッパに移動すると、日本にいた時間と現地の時間のずれが調整可能な範囲を超えてしまうので、光同調によってすぐには体内時計をリセットすることができません。そのため日中に眠い、夜なのに眠れないといった「ジェットラグ」の状態にしばらく悩まされます。この状態を解消するためには、生活のリズムをできるだけ早く現地の光を浴びる時間に合わせ、体内時計を光同調させることが必要です。

7　末梢組織の体内時計は食事のリズムに同調する

動物は生きていくために必要なエネルギー源を外部から摂取する食糧に依存していま

す。毎日の食糧が確保されている状況においては、いつでも食事をすることができます。1日の食事の回数は地域や民俗により違いはありますが、日本の場合、朝、昼、晩に3回の食事をするというのが一般的な毎日の食事のリズムでしょう。

食事をするという摂食行動は空腹感により引き起こされ、満腹感により抑制されるので、食事のリズムは、単なる空腹感と満腹感の繰り返しのリズムのように見えます。しかし、食事のリズムは体内時計と密接に関係しています。脳内の視交叉上核に存在する「主時計」は光によってリセットされ明暗リズムと同調しますが、脳内の視交叉上核以外の部位や他の組織に存在する「末梢時計」は食事のリズムと同調し、栄養物の消化・吸収や代謝調節に関与しています[6]。

血糖値の増加にはたらくホルモンの分泌や、栄養物の体内への輸送にかかわる遺伝子のリズムは食事に先立って活発になりますが、こうしたリズムも末梢組織の体内時計によって調節されています。したがって、規則的に食事をすることが効率的な栄養物の体内への摂取にとって重要になります。特に朝食を毎日規則正しく摂ることにより、朝の光によってリセットされる主時計のリズムと、食事によってリセットされる末梢時計のリズムが同調し、体内の機能が最適の状態に維持されます。

ホルモンの分泌リズムと体内機能の調節

地球上で暮らす動物は、昼夜のリズムや季節のリズム等による外部環境の変化に対応して体内の生理機能を調節していますが、生理機能の調節にはホルモンが大きな役割を担っています。ホルモンとは特定の器官の細胞で産生され、血液中に分泌されて全身を巡り、標的細胞に作用してその機能を調節する物質です。

体内では100種類以上のホルモンが特定の細胞で作られており、それぞれが生理機能の調節に重要な役割を果たしています。個々のホルモンは必要な時に特定の細胞から血液中に分泌されますが、1日の特定の時期に周期的に増減する分泌リズムを有するホルモンもあります[7]。

ホルモンの多くはタンパク質ですが、アミン系化合物やステロイド化合物であるホルモンもあります。ここで紹介するメラトニンはアミノ酸のトリプトファンから合成されるアミン系ホルモン、成長ホルモンとインスリンはタンパク質ホルモン、コルチゾールはコレステロールから合成されるステロイドホルモンです。

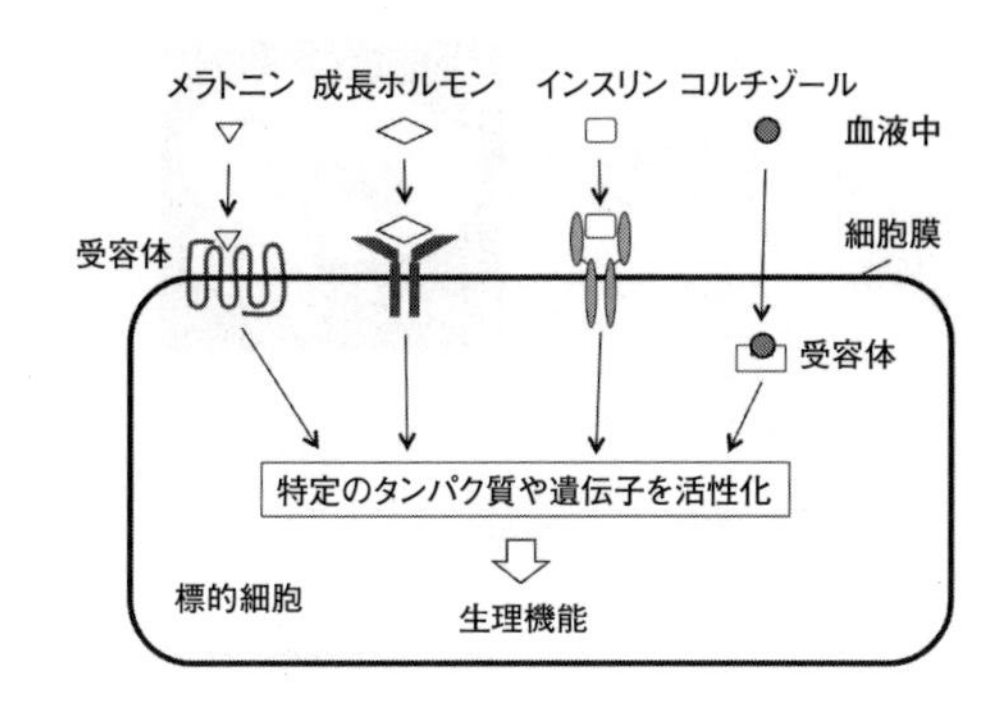

図5　ホルモンの作用のしくみ

図5にこれらのホルモンが作用するしくみを示します。

血液中に分泌されたホルモンは標的細胞に存在する受容体に結合します。受容体はすべてタンパク質でできており、ホルモンと受容体は鍵と鍵穴のような構造になっていて結合する相手が決まっています。メラトニン、成長ホルモン、インスリンの受容体は電波を受信するアンテナのように標的細胞の細胞膜に存在し、血液中に分泌されたホルモンをキャッチします。コルチゾールは細胞内に入り込むため、受容体は細胞内に存在します。ホルモンが標的細胞の受容体に結合すると、受容体からの信号により細胞内の特定のタンパク質や遺伝子が活性化され、細胞が生理機能を発揮するようになります。

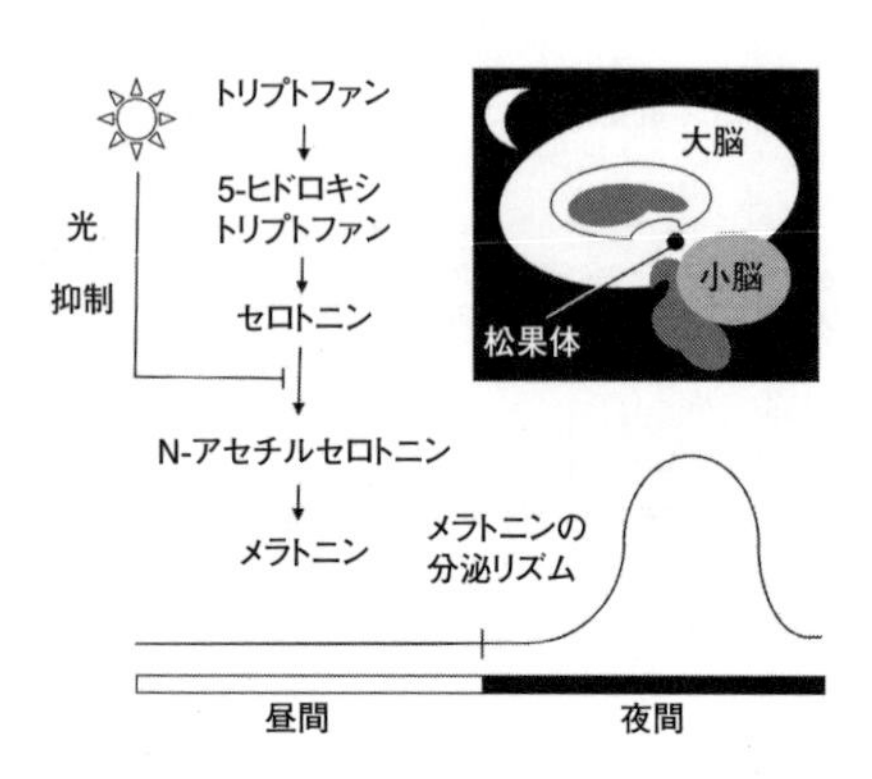

図6　松果体におけるメラトニンの合成と日内分泌リズム

1　夜間に眠りを誘うメラトニン

メラトニンは松果体という脳の奥まったところにある小さな器官で産生されるホルモンで、魚類や両生類において体色の明化作用を示しますが、ヒトでは明化作用はなく睡眠誘導作用を示します。[8]

(1) メラトニンの分泌リズム

松果体においてメラトニンはアミノ酸のトリプトファンから4段階の反応を経て合成されます。メラトニンの血中濃度は昼行性であっても夜行性であっても、昼間では低く夜間に高くなるという日周リズムで変化します。この日周リズムは、外からの光の刺激がない状況では体内時計によって調節されていますが、光の刺激を受けると分泌量が大きく減少します（図6）。これはメラトニンの合成過程におけるセロトニンをN-アセチルセロトニンに変換する酵素のはたらきが、眼からの光の刺激を通じて抑制されるからです[9]。したがって、昼行性である私たち人間が夜間にぐっすりと眠るためには室内を暗くしておくことが必要です。

（2）ミラクルとよばれたメラトニンの多様な作用

メラトニンは人間において睡眠誘導作用を有し、不眠症の治療に効果のあることをきっかけに、米国において注目を集めました。そして1995年に『メラトニンミラクル』という題名の書籍が米国で出版され、若返り効果、免疫力増強効果、ガンを防ぐ効果、ストレスを緩和する効果等のあるホルモンとして紹介されました。しかしその後、メラトニンの効果が誇張されすぎていると批判する論文もいくつか発表され、メラトニンフィーバーは沈静化しました。

メラトニンは松果体以外にも多くの組織で産生されています。また、メラトニンの機能を担う受容体もさまざまな組織の細胞に存在しており、メラトニンが多様な生理作用を有していることは認められています[10]。メラトニンの作用の中で睡眠誘導作用とともに注目されるのは、体内で生じた酸化力の強い有害物質であるスーパーオキシドやヒドロキシラジカルなどの活性酸素を除去する抗酸化作用です。活性酸素は体内に取り込まれた酸素から生じる酸化力の強い物質で、タンパク質、脂質、遺伝子といった重要な体内物質が酸化されると機能が損なわれてしまいます。

先に紹介したように、ホルモンの生理作用は、ホルモンが標的細胞の受容体に作用することによって発揮されます（図5参照）。しかし、メラトニンの抗酸化作用はメラトニンが受容体ではなく活性酸素に直接作用して消滅させてしまう作用です。その作用のためには活性酸素の量に見合った量のメラトニンが必要ですが、ホルモンであるメラトニンの産生量は非常に少なく、また、年齢とともに急激に減少していきます。

それならばビタミン剤のように外から補えば良いということで、米国ではメラトニンが市販されています。しかし、種々の組織の細胞に存在する受容体を介したメラトニンの生理作用がすべて明らかになっているわけではありません。メラトニンの分泌が年齢とともに減少することにも、生体の機能にとってそれなりの理由があるのかもしれません。したがって、日本ではメラトニンを医師の処方箋なしに入手することは認められていません。その代わりということではありませんが、抗酸化作用を有するビタミンCやポリフェノールなどを含む食品が、健康に良い食品として人気を博しています。

2 名称のとおりにはたらく成長ホルモン

（1）成長ホルモンの分泌と成長促進作用のしくみ

成長ホルモンは脳の奥の視床下部と言うところにぶら下がっているように見える、脳下垂体と言う小さな組織の前葉部で作られるタンパク質ホルモンです（図3参照）。成長ホルモンの脳下垂体前葉からの分泌は、視床下部で産生される成長ホルモン放出ホルモン（GHRH）と胃で産生されるグレリンと言うホルモンにより促進されます。

成長ホルモンのよく知られた生理作用は、その名前のとおり動物の成長を促進する作用です。成長ホルモンは生まれてから性成熟した大人になるまでの成長期に盛んに分泌され、骨の成長を促進します。しかし成長ホルモンが直接骨の細胞に作用するわけではありません。血液中に分泌された成長ホルモンはまず肝臓に作用します。すると肝臓の細胞でインスリン様成長因子－I（IGF－I）と言うタンパク質が産生され、血液中に分泌されます。そして、血液中のIGF－Iが骨端部の軟骨細胞に作用して骨の伸長を促進します。また、筋肉の発達にもはたらきます（図7）。

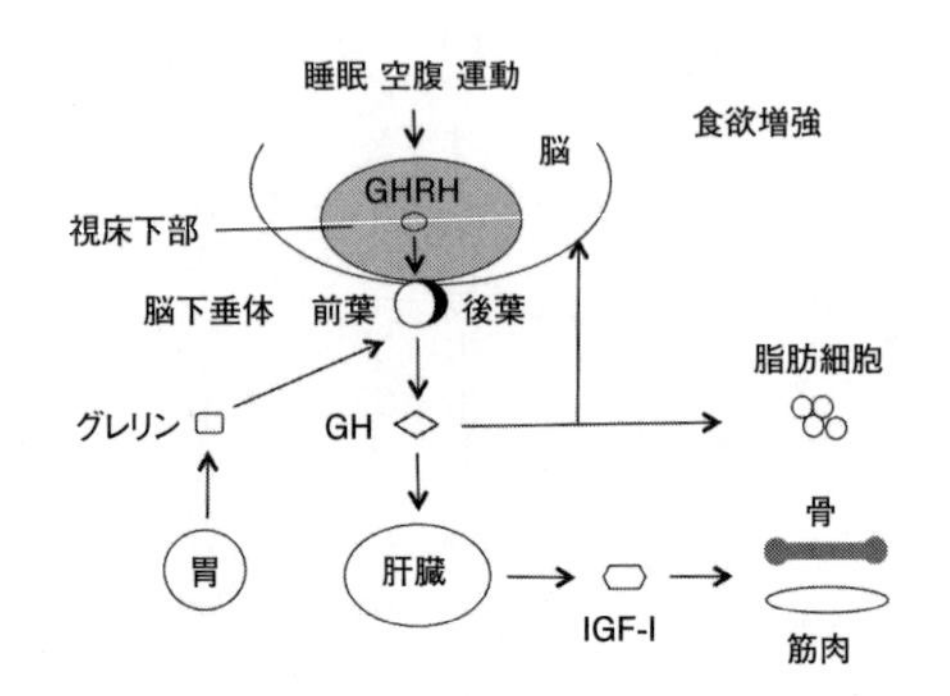

図７　成長ホルモンの産生・分泌と主な作用経路
GHRH: 成長ホルモン放出ホルモン
GH：成長ホルモン、 IGF-I：インスリン様成長因子

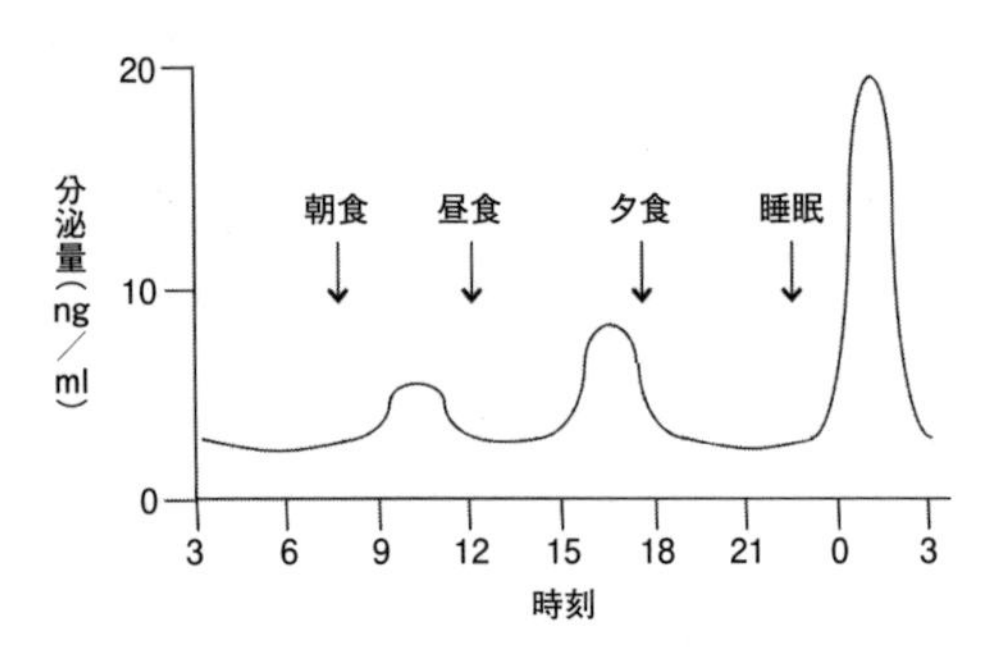

図８　成長ホルモンの分泌量の日内変動の概略図

（2）成長ホルモンの分泌リズム

成長ホルモンの分泌には日内リズムが見られます。朝食と昼食、昼食と夕食の食間すなわち空腹時にある程度増加し、さらに睡眠直後の1～2時間に大きく増加します（図8）。『寝る子は育つ』という格言がありますが、まったく非科学的なものではないようです。睡眠直後の成長ホルモンの増加は睡眠に依存したもので、体内時計に依存したリズムではありません。

成長ホルモンには骨の伸長作用以外に、食欲促進作用、タンパク質合成促進作用、脂肪分解作用、血糖値上昇作用等があります。成長ホルモンが食間の空腹時、睡眠時に増加する日内リズムを有するのは、成長期の子どもにおける身体の成長や成人におけるエネルギーの確保等のための合理的なしくみです。

（3）背が伸びるのは『はたち』まで

成長ホルモンは大人になってからも分泌され続けます。しかし、骨端部の細胞は性成熟時に多量に分泌される性ホルモンの作用により成長ホルモンを受けつけなくなっているため、骨が伸長することはありません。ですから、ヒトの場合では20歳前くらいで身長が伸びるのが止まります。

ネズミからゾウに至るまで、動物の体格は種によって大きく異なりますが、どの動物種でも性成熟した後はそれほど体格が大きくなることはありません。どの動物種でも、性成熟が済んで体が成体として完成した後は、それ以上体格を大きくするのは止めて、大人としての役割を担っていくということなのでしょう。

3　危機に対処するコルチゾール

(1) コルチゾールの作用

コルチゾールは一対の腎臓の上部に存在する小さな組織である副腎の皮質部で、コレステロールから作られるステロイドホルモンの一種です。炎症反応を抑制する作用が強く、抗炎症薬として用いられます。また、コルチゾールは、飢餓的な状況において筋肉のタンパク質をも分解して血糖であるグルコースを産生し、血糖値を上昇させます。

血液中のグルコースはあるゆる組織のエネルギー源として使用され、血糖値が低下すると脳がまず影響を受けます。そのため、飢餓の状況においてはコルチゾールの作用により筋肉のタンパク質までもが分解され、生じたアミノ酸からグルコースが産生されます。

　また、コルチゾールの血中濃度はストレスの負荷により上昇しますが、これはストレスに対処するためのエネルギー源を確保する体のしくみです。このように、コルチゾールはやストレス、飢餓、炎症といった危機に対応してはたらくホルモンです。

（2）コルチゾールの分泌とリズム

　副腎皮質からのコルチゾールの分泌は2段階の命令系統により調節されています。ストレス、飢餓、炎症等の刺激が脳に感知されると、まず、視床下部から副腎皮質刺激ホルモン放出ホルモン（CRH）という長い日本語名のホルモンが分泌されます。長い名前はその作用を表しており、脳下垂体前葉からの副腎皮質刺激ホルモン（ACTH）を放出させるホルモンです。血中に放出されたACTHは、副腎皮質に作用してコルチゾールの分泌を促進します（図9）。

　血中のコルチゾールの濃度は睡眠に関係なく、朝の活動開始前に最も増加し、日中は高く夜は低くなるという日周リズムが認められます（図10）。コルチゾールの分泌を促すACTHの血中濃度もコルチゾールと同様の日内リズムを示します。こうしたホルモ

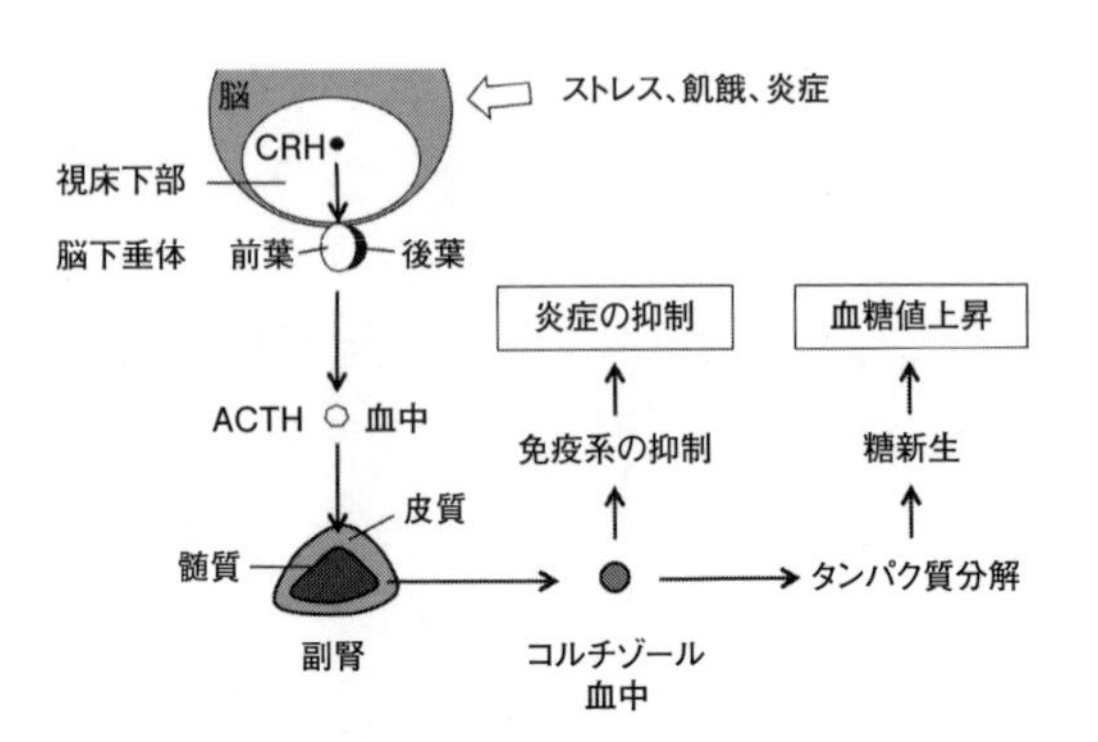

図 9　コルチゾールの産生・分泌と作用
CRH：副腎皮質刺激ホルモン放出ホルモン
ACTH：副腎皮質刺激ホルモン

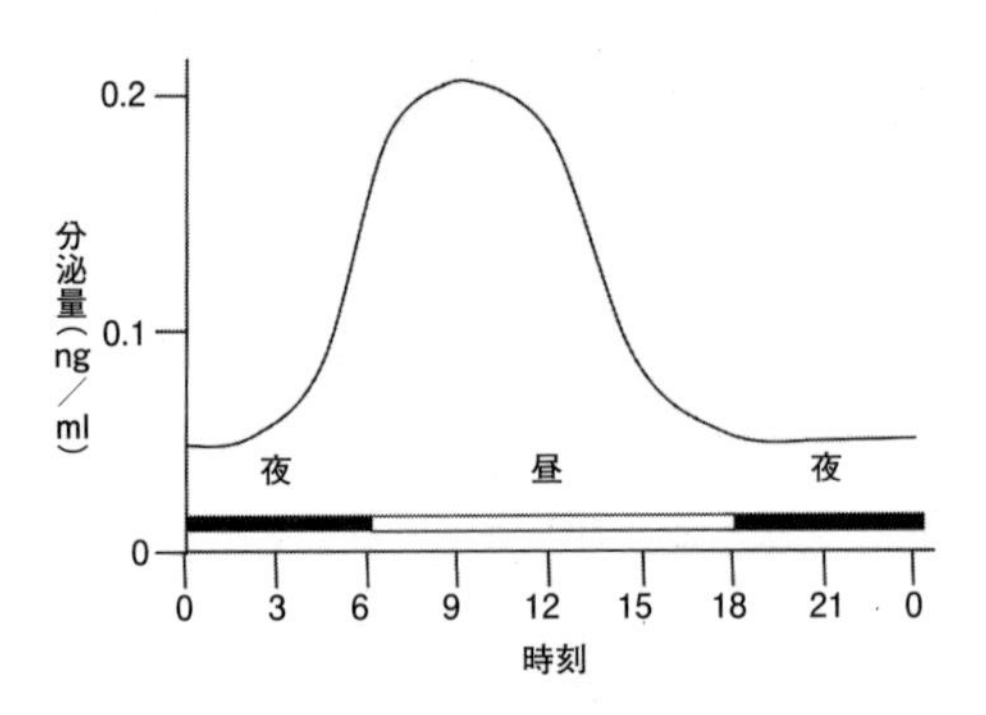

図 10　コルチゾールの分泌量の日内変動の概略図

ンの日内リズムは体内時計によって形成されており、コルチゾールの朝の活動開始前からの上昇は、活動に備えてエネルギー源を準備しておくしくみと考えられます。

4　血糖値を下げるために孤軍奮闘するインスリン

インスリンは膵臓のランゲルハンス島という部位のβ細胞から分泌されるタンパク質ホルモンです。インスリンの主要な作用は血液中のグルコース濃度（血糖値）が高くなりすぎないように調節することです。グルコースは体内のすべての組織の細胞でエネルギー源として使用されるため、血糖として常に一定量が血液中に供給されていることが必要です。しかし、血糖値が高くなりすぎるとグルコースが尿中に排泄されるようになり、こうした状態が長く続くと糖尿病を発症し、合併症として神経障害、網膜障害、腎症、動脈硬化などを引き起こしやすくなります。

血糖値の調節には多くのホルモンがかかわっています。先に述べた成長ホルモンとコルチゾールをはじめアドレナリンやグルカゴンなどの多くのホルモンは血糖値を高くするように作用します。しかし、血糖値を低くするようにはたらくのはインスリンだけです。インスリンは多くのホルモンを向こうにまわして、血糖値が高くなりすぎないよう

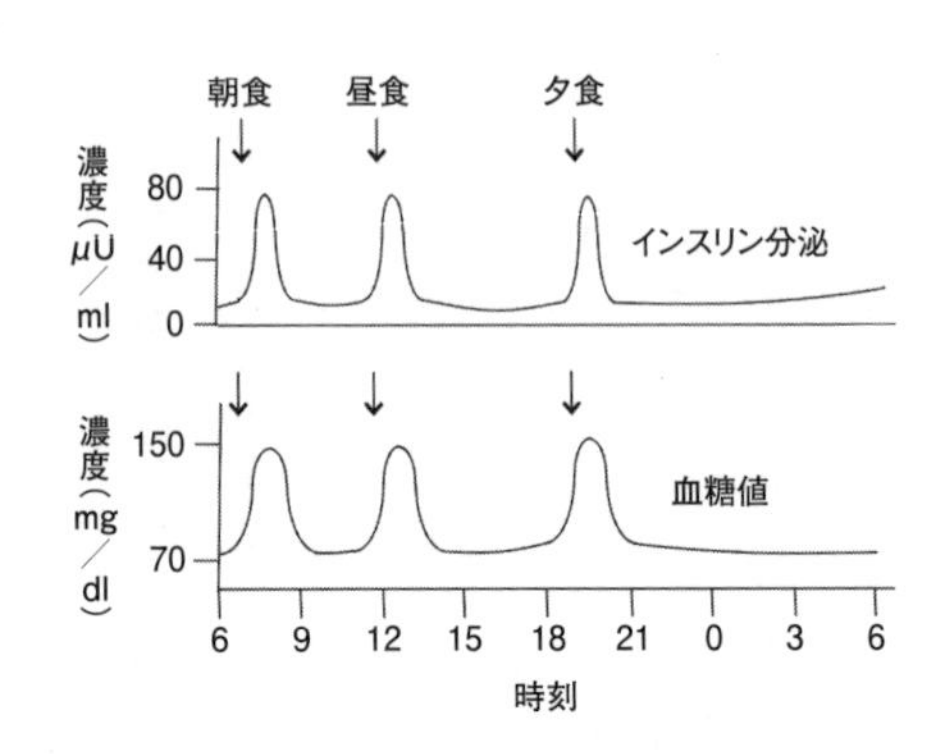

図 11　インスリン分泌量と血糖値の日内変動の概略図

に孤軍奮闘しているホルモンです。

（1）インスリンの分泌リズム

食事をしてグルコースが体内に吸収されると血糖値は一時的に高くなりますが、同時に膵臓からのインスリン分泌が亢進し、血糖値は低下します（図11）。健常人の血糖値は、最も低い空腹時で1デシリットルあたり70ミリグラム以上、最も高い食後で1デシリットルあたり１５０ミリグラム以下の範囲に保たれています。

組織の中で脳はエネルギー源としてグルコースに依存度が高く、血糖値が1デシリットルあたり50ミリグラム以下になると意識障害が生じる危険性があります。ですから空腹時においても1デシリットルあたり70ミリグラム以上の血糖値が維持されています。食事後には血糖値が高くなりますが、グルコースがインスリン分泌を高め、血中濃度が高くなりすぎるのを防いでいます。

（2）インスリンが匙を投げてしまった〝想定外〟の糖尿病

現在の先進国と言われる国における大部分の人々は常に食糧が確保されている状況にあります。こうした状況において血糖値を低下させるホルモンがインスリンだけということが、糖尿病というやっかいな病気を生み出しています。

糖尿病には1型と2型があります。1型糖尿病は小児に多く見られ、膵臓のインスリン分泌が不全であるタイプなので、インスリンを投与することにより治療ができます。一方、2型糖尿病は成人に多く、糖分の過剰摂取が長期間続いた結果、体がインスリンのはたらきを受けつけなくなってしまった生活習慣病タイプです。血糖値を低下させるのにインスリンが孤軍奮闘するという体内のシステムにとって、糖分をいつでも好きなだけ体内に摂取できるという状況は想定外のことなのです。したがって、治療するには食生活の習慣を改める以外にありません。

ではなぜ血糖値を低下させるホルモンがインスリンだけというアンバランスなしくみ

になっているのでしょうか？ 食糧を自然環境に依存している野生動物はいつでも食糧が得られるとはかぎらず、むしろ食糧不足で餓えている時のほうが長くなります。数百万年の人類の歴史の中でも、農耕により食糧を自給することができるようになったのはほんの1万年ほど前です。ですから、人間を含めた動物にとって、飢餓状態においても血糖値を維持することが生存していくための最重要課題になります。そこで体内のしくみとして、血糖値を高くするようにはたらくホルモンを多く用意し、低くするようにはたらくホルモンとしてはインスリンだけが用意されていると推論されます。

エネルギーを生み出す呼吸のリズム

1　なぜ呼吸をしなければならないのか

陸上で暮らす動物にとっての呼吸とは、空気中の酸素を吸って二酸化炭素を吐き出す現象です。人間の場合、睡眠時や安静時には平均して1分間に12～20回程度の呼吸のリズムが無意識に繰り返されます。運動時には酸素の必要量が増すため、呼吸のリズムは速くなります。呼吸によって肺から血液中に取り入れられた酸素は、細胞内で糖質や脂

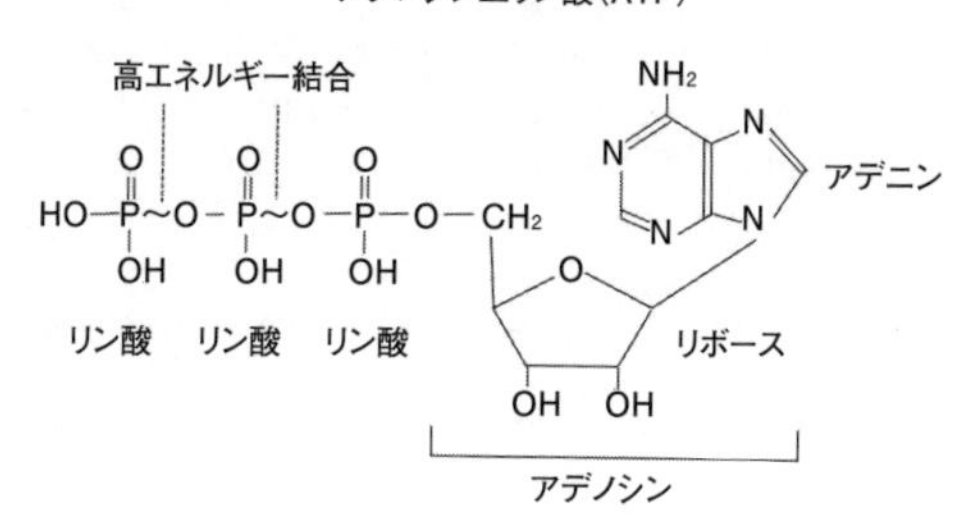

図12　アデノシン三リン酸（ATP）の構造

肪を何段階もの化学反応を経て二酸化炭素と水に分解するために利用されます。その結果、アデノシン三リン酸（ATP）と言う化学エネルギーを持った物質が産生されます（図12）。

ATP分子の2つのリン酸間の結合は高エネルギー結合であり、細胞がエネルギーを必要とする時に、この高エネルギー結合が切断され、数千キロカロリーに相当する化学エネルギーが放出されます。したがって呼吸は、空気中の酸素を体内に取り込み、エネルギー源となる体内物質から化学エネルギーを得るしくみなのです。ですから動物は呼吸のリズムなしには生きていけません。

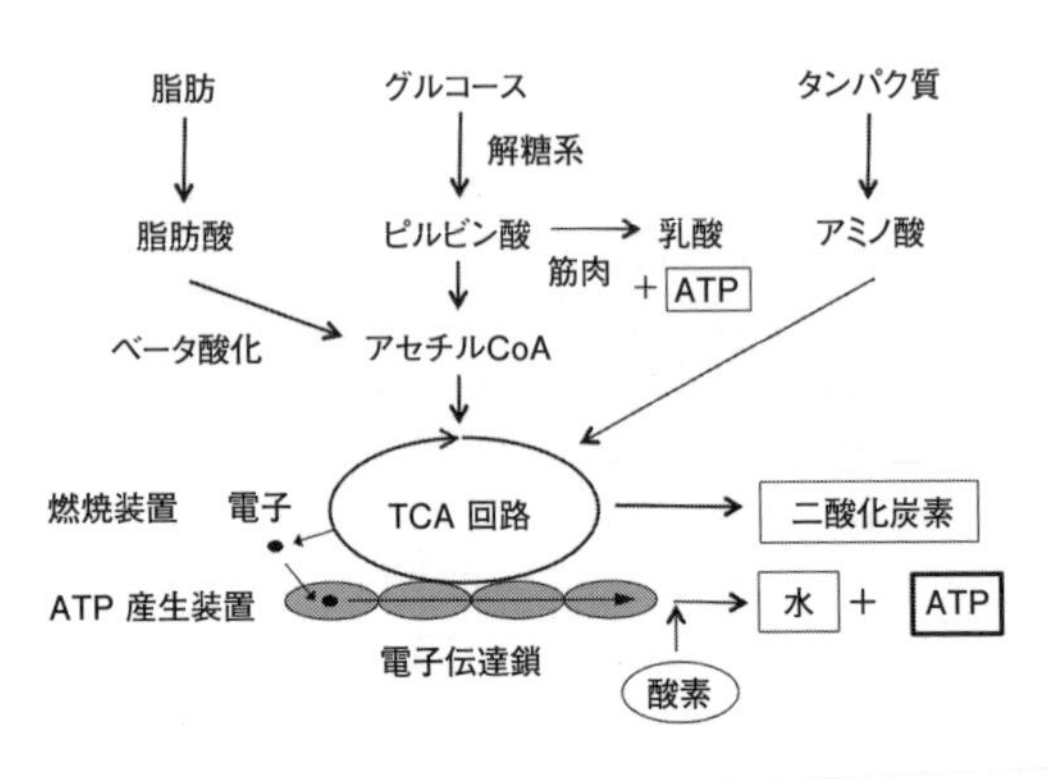

図 13　体内における ATP の産生経路

2　体内エネルギーの産生経路
―完全燃焼と不完全燃焼―

呼吸のリズムは秒単位の速いリズムなので、1日単位の体内時計とは直接関係しませんが、体内におけるエネルギーを生み出すしくみには体内時計が大きくかかわっています。そこでまず体内でのエネルギー産生経路について説明します（図13）。

（1）完全燃焼によるエネルギー産生

体内物質の中で最もエネルギー源として利用されるのはグルコースです。ですからグルコースは血糖として血液中に常に一定レベル含まれています。グルコースはまず「解糖」と言う反応経路でピルビン酸になります。ピルビン酸はアセチルコエンザイムA（アセチルCoA）になり、「トリカルボン酸（TCA）回路」と言う燃焼回路に入り、二酸化炭素が生じます。この時、電子が余った物質が生じ、その電子がTCA回路に連動した電子伝達鎖の中を流れると酸素が使用されて水分子とATPが産生します。脂肪とタンパク質もそれぞれ脂肪酸とアミノ酸になってTCA回路に入り、最終的にはグルコースと同様に水と二酸化炭素になりATPが産生されます。

この現象の最初と最後は木や紙が空気中の酸素と直接反応して燃える現象と同じです。木や紙の主成分のセルロース（グルコースの重合物）が酸素と直接反応して完全燃焼すると二酸化炭素と水になり、大きな熱エネルギーが炎となって放出されます。一方、動物の体内ではグルコースが何段階もの化学反応を経て二酸化炭素と水になり、熱エネルギーの代わりに化学エネルギーを有するATPが大量に生じます。

（2）筋肉でのやむを得ない不完全燃焼

運動時の筋肉では例外的に解糖系でピルビン酸が乳酸になり、ATPが産生します。これは酸素を使わずにグルコースが不完全燃焼される経路で、グルコース1分子あたりのATPの産生量は完全燃焼による産生量の20分の1以下です。たいへんもったいないグルコースの使い方ですが、ATPを早く産生できるため、筋肉が運動をするために急にATPを必要とする時に限定された特別経路になっています。

このようにこの経路で生じた乳酸は肝臓に送られてグルコースに変換され、エネルギー源として再利用されます。

体内時計とエネルギー代謝

体内物質が他の物質に変化する現象を「代謝」と言い、エネルギーを産生するための代謝を「エネルギー代謝」と言います。過食や運動不足といった生活習慣が原因で肥満や高血糖状態になったことをメタボリックシンドローム、略してメタボと言いますが、代謝の英語名がメタボリズムということに由来する略名です。メタボ状態が続くと心筋梗塞、脳卒中、糖尿病などを発症するリスクが高くなります。

1　体内時計が壊れるとメタボになる

体内における栄養物の代謝にも体内時計が大きく関与していることが、個々の時計遺

表2　時計遺伝子のノックアウトマウスにおけるエネルギー代謝異常

遺伝子	異常症
クロック	肥満、高血圧、脂肪肝
ビーマル1	インスリン分泌不全、高血糖 脂質代謝能異常、脂肪肝
ピリオド2	脂肪と脂肪酸の増加
クリプトクローム1，2	耐糖能異常

伝子に変異が生じたマウスによって明らかにされています。マウスには約2万数千個の遺伝子が存在しますが、遺伝子工学の技術によりある特定の遺伝子だけに変異を導入し、その遺伝子から作られるタンパク質が機能しなくなったマウスを作出することができます。この人工的遺伝子変異マウスはノックアウトマウスとよばれ、各ノックアウトマウスにどのような異常が生じるかを調べれば、その遺伝子の機能を知ることができます。

それでは時計遺伝子のノックアウトマウスにはどのようなエネルギー代謝に関した異常が見られたのでしょうか？

表2のように、哺乳類の体内時計を構成する遺伝子の中で、クロック遺伝子のノックアウトマウスは過食をして肥満になり、高血糖、脂質代謝異常、脂肪肝などの症状を呈します。また、ビーマル1遺伝子のノックアウト

マウスは、膵臓からのインスリンの分泌が悪くなり、血糖値が高く、脂質を利用する代謝が低下しています。ピリオド2のノックアウトマウスでは脂肪と脂肪酸の著しい増加が見られ、クリプトクローム1と2のノックアウトマウスはコルチコステロン（人間ではコルチゾール）の血中濃度が高くなり、耐糖能異常となります[11-13]。

つまり、時計遺伝子がはたらかないマウスでは糖質や脂質の正常な代謝（メタボリズム）が損なわれ、メタボリックシンドロームのような症状が現れます。ヒトにおいても時計遺伝子の機能の不全はメタボリックシンドローム発症に関与していることが知られています[14、15]。

2 体内時計の理解がメタボを防ぐ

時計遺伝子の異常がメタボリックシンドロームをもたらすということは、その遺伝子の命令により産生されるタンパク質が、正常なエネルギー代謝のために必要なはたらきをしているということです。特にビーマル1の脂肪代謝へのはたらきが注目されます。前述のように、ビーマル1はクリプトクロームと複合体を形成し、ピリオドとクリプトクロームの遺伝子の転写を促進します。しかし、ビーマル1はこうした時計遺伝子だけではなく他の多くのエネルギー代謝に関連する遺伝子の転写の調節にはたらいています[16]。

肝臓はエネルギー代謝にとって重要なはたらきをしている組織ですが、肝臓においてビーマル1は脂肪を合成する遺伝子に作用してその転写を促進しています。ビーマル1の産生量は夜間に増加するという日内リズムを示すので[17]、夕食に脂肪の多い食物を食べるとビーマル1の作用により脂肪合成が盛んになり脂肪が体内に蓄積します。これは昼間の活動に備えて寝ている間にエネルギー源である脂肪を貯めておこうという合理的なしくみと言えます。しかし、もう十分に脂肪が体内に貯まっている人にとっては、夕食に脂肪分の多い食物は控えたほうが、メタボになるのを防げるということになります。

睡眠のリズム

昼行性であれ夜行性であれ、動物は覚醒と睡眠を繰り返しながら生活しています。覚醒期には活動し、疲れると活動を止めて休息をします。休息により体（筋肉）の疲れは回復しますが、脳は休息中もはたらき続けているので、脳の疲れを回復させるためには睡眠が必要です。

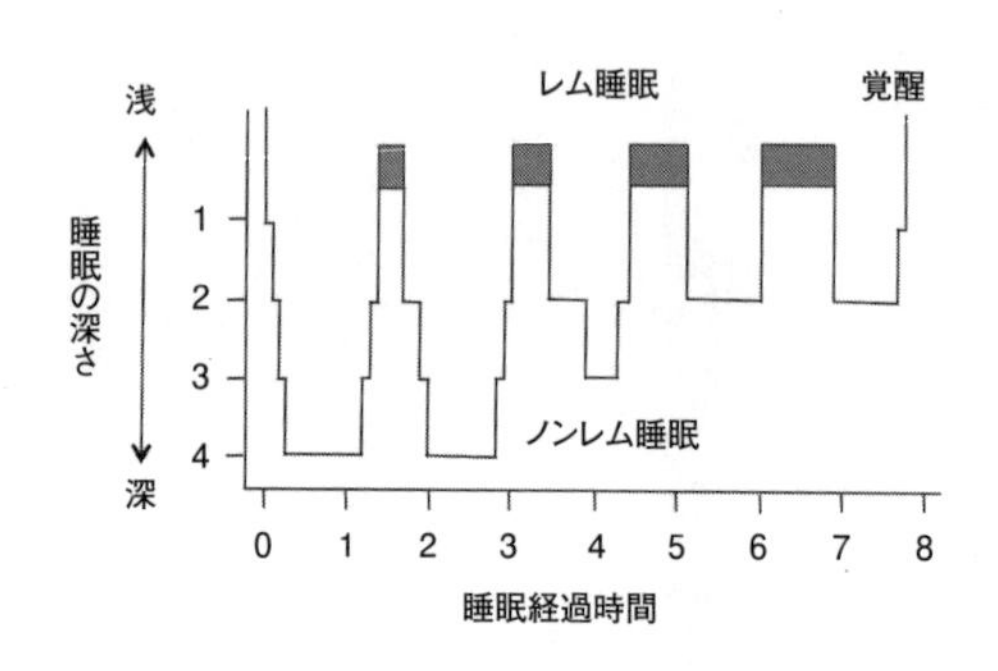

図 14　ノンレム睡眠とレム睡眠のリズムの概略図

1　レム睡眠とノンレム睡眠

睡眠にはレム睡眠とノンレム睡眠のリズムがあります。レム睡眠とは眼は閉じていても眼球が速い動きをしている時の睡眠で、レムは、速い眼の動きという言葉の英語表記 Rapid eye movement の略称（Rem）です。レム睡眠時の脳波は起きている時の脳波に似ており、体は休息していますが脳は活動している浅い睡眠で、夢を見ているのはたいていレム睡眠時です。もう一方のノンレム睡眠は名前のとおりレム睡眠ではない睡眠のことですが、脳も休息している深い睡眠です。

睡眠はまずノンレム睡眠から始まり、その後レム睡眠というパターンのリズムが約90分間隔で数回繰り返します（図14）。最初のノンレム睡眠が

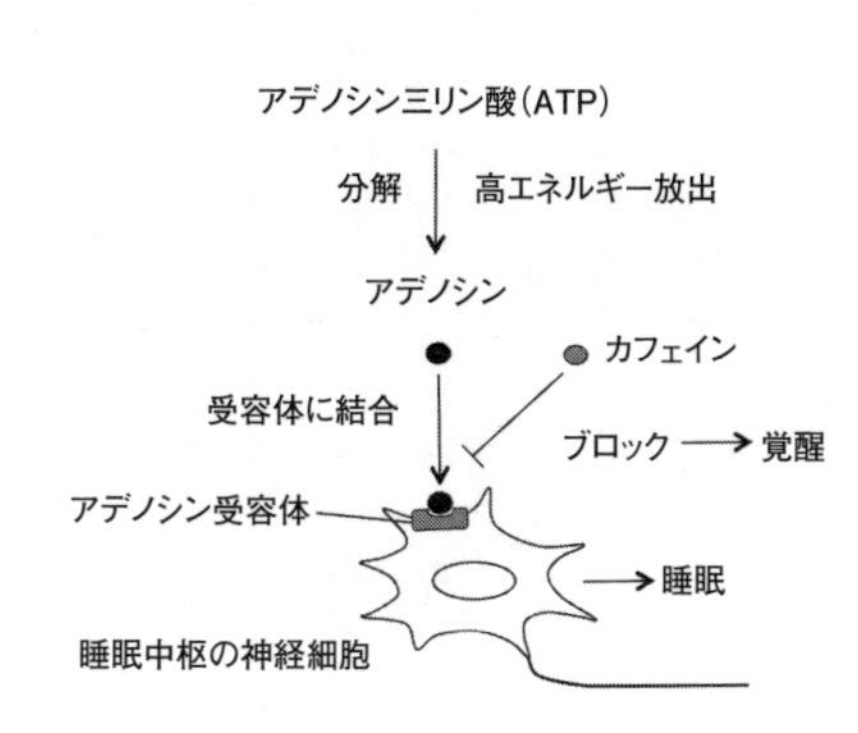

図15　アデノシンの睡眠作用とカフェインの覚醒作用

いわゆる〝寝入りばな〟とよばれる時の最も深い睡眠で、少々の刺激ではすぐには覚醒しない睡眠です。その後のノンレム睡眠の深さは次第に浅くなっていきやがて覚醒します。昼行性である人間の場合は、夜間に分泌が盛んになるメラトニンと体内時計のはたらきがあいまって睡眠が誘導されます。

2　アデノシンが眠気を誘いカフェインが眠気を覚ます

メラトニンのほかに睡眠を誘導する物質としてアデノシンがあります。脳の神経細胞が活動する時にもアデノシン三リン酸（ATP）のエネルギーが使われますが、分解されたATPからアデノシンが生じます（図12参照）。アデノシンは睡眠中枢の神経細胞のアデノシン受容体に作用します。すると神経細胞が活性化して睡眠が誘導されます。つまり、覚醒中に神経細胞が活発に活動してＡＴＰが消費され脳内のアデノシンの濃度が高くなると、アデノシンが睡眠を誘起するというしくみがはたらいています。

昼食後に20～30分午睡をするとその後の作業効率が良くなると言われます。しかし、午睡の時間が長すぎてしまうとしばらく眠気がとれず逆効果になります。そこで、眠気覚しに効くカフェインを含むお茶やコーヒーなどを午睡の前に飲んでおくと、20～30分ほどでカフェインの効果が現れてすっきり眼が覚めます。

これはお茶やコーヒーに含まれているカフェインがアデノシンの受容体への作用を妨害するためです（図15）。お茶やコーヒーにかぎらず、いわゆるエナジードリンクとよばれる栄養補助飲料にもビタミン類とともにカフェインが配合されているものがあります。しかし、カフェインの作用はアデノシンが神経細胞に休息のサインを出すのを妨げているだけで、体の疲れを癒しているわけではありません。

3　社会的ジェットラグ

現在の人間の生活は、人工照明によって地球の昼夜のリズムに関係なくいつでも十分な照明が得られる状況になっています。こうした状況においても、人間の社会生活の一般的なリズムは地球の昼夜のリズムに合わせて、昼間に活動し夜間に睡眠をとるというリズムになっています。それは昼行性である人間の体内リズムは、昼間のほうが体への負担が軽く、効率良く活動できるように構築されているからです。

しかし、社会的な必要性により通常の昼夜リズムからずれた活動や勤務をしなければならない状況も生じています。こうした状況下で生活している人たちは、メタボリックシンドロームのリスクが高いことが報告されています[18]。

おわりに

動物に体内時計が存在し、そのしくみが明らかにされてきました。体内時計は地球の昼夜リズムと食事のリズムに同調し、体内の機能を調節しています。しかし、日本をはじめ、人工照明の発達した国における人間の活動と睡眠および食事のリズムは地球の昼

夜リズムからずれることが多くなってきています。そして、豊富な食糧の供給による食生活の不摂生とあいまって、メタボリックシンドロームのリスクが高くなることが問題になっています。

近年、糖質、脂質、タンパク質などの栄養物をいつ摂取するのが良いかを明らかにする時間栄養学や、疾患と体内時計との関係を明らかにする時間医学という分野の研究が注目されてきています。こうした分野の研究がいっそう推進されることにより、体内時計とずれた生活リズムによる健康へのリスクを減じる方法が考案されると期待されます。その方法が実践されるためには、体内リズムの健康に対する重要性が社会により広く理解され、認識されることが必要です。

参考文献

1 Bargiello TA, et al.: Nature, 312: 752-754,1984.
2 Zehring WA, et al.: Cell, 39: 369-376,1984.
3 Takahashi J: Diabetes Obes. Metab., 17: 6-11, 2015.
4 Czeisler CA: Science. 284: 2177-2181, 1999.

5　Jud C, et al.: Biol. Proced. Online, 7: 101-116, 2005.
6　Pilorz V, et al.: Pflügers Arch. Euro. J. Physiol., 470: 227-239, 2018.
7　貴邑冨久子、根来英雄：シンプル生理学 改訂第6版、南江堂、pp147-152, 2016.
8　Dollins AB, et al.: Proc. Natl. Acad. Sci. USA., 91: 1824-1828, 1994.
9　樋口重和：時間生物学、14: 13-20, 2008.
10　服部淳彦：比較生理生化学、34: 2-11, 2017.
11　榛葉繁紀：化学と生物、50: 794-800, 2012.
12　Feng D, et al.: Mol. Cell, 47: 158-167, 2012.
13　Preußner M, et al.: Pflugers Arch. Euro. J. Physiol., 468: 983-991, 2016.
14　Gomez-Abellan P, et al.: Int. J. Obes., 32: 121-128, 2008.
15　Tahira K, et al.: Arch. Med. Sci., 7: 933-940, 2011.
16　Hatanaka F, et al.: Mol. Cell. Biol., 30: 5636, 2010.
17　Honma S, et al.: Biochem. Biophys. Res. Commun., 250: 83-87, 1998.
18　Parsons MJ, et al.: Int. J. Obes., 39: 842-848, 2015.

第2章

生殖リズム

斎藤 徹
日本獣医生命科学大学名誉教授

はじめに

すべての生物が持っている生命現象には周期的な変化が見られます。これを「生物リズム」、「生体リズム」あるいは「体内リズム」とよびます。

生物は個体の維持や種の保存のために、一定の時間間隔で生命現象、行動が繰り返されます。生命現象の周期性には外部環境の周期的変動に基づき受動的に周期性を示す「外因性リズム」と、生物に本来備わっている自律的な「内因性リズム」がありま す。内因性リズムは通常の環境で維持されるもので、約24時間を1周期とする「概日リズム」(circadian rhythm)とよばれているものです。このリズムは「体内(生体)時計」(biological clock)によって支配されています。哺乳動物の体内時計は、中枢である視交叉上核(suprachiasmatic nucleus：SCN)をはじめ、全身のほとんどの細胞に存在しており、視交叉上核が全身の末梢組織の体内時計を同調させています。

生物は環境条件の周期的な変化を感知して、受動的に体内時計の時刻を調整したり、その時計を利用して環境の変化を予知し、積極的にそれに対応したりしています。特に光の条件(明暗)に強い感受性を持っています。

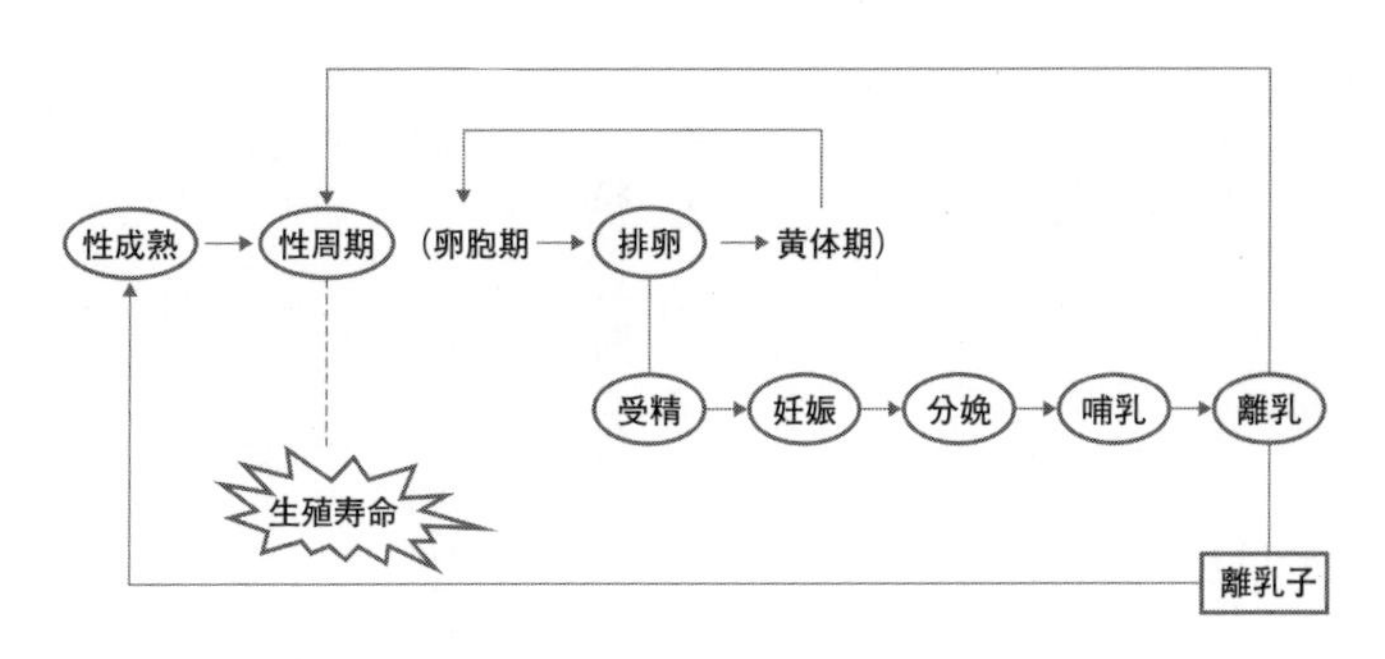

図1 メス哺乳動物（完全性周期）の生殖周期
不完全性周期の場合は黄体機能は短時間で消失するため、黄体期は欠如している。老化により卵巣活動は停止し、生殖寿命を迎える。

また、哺乳類の生殖周期には多くの場合、概日リズムをはじめ、それより「長い周期のリズム」（インフラディアンリズム infradian rhythm）が示されます。たとえば、ヒトの月経周期（性周期）は排卵から排卵の間隔であり、28日前後のリズムを示します。一方、マウス、ラットなどの齧歯目は4～5日を1周期とするリズムが観察されます。

本章では、哺乳動物の生殖リズムとそれを生み出す神経内分泌のしくみについて見ていきます。

生殖機能に見る神経内分泌活動リズム

哺乳動物のメスは、成長の過程において、一定の時期（性成熟）になると卵巣に卵胞の発育、排卵が起こり、受精（卵子と精子の接着）すれば妊娠、分娩、哺乳などの生殖周期を繰り返した後、老化して卵巣活動が停止します（図1）。このような哺乳類の生殖周期は、視床下部－下垂体－性腺軸とよばれる神経内分泌的なはたらきによって調節されています。

以下に、哺乳動物の生殖周期における神経内分泌系の活動について紹介します。

1　春機発動と性成熟

動物がある一定の時期に達すると生殖機能が備わり、メスではオスと交尾して妊娠可能な状態になることを「性成熟」（sexual maturation）と言います。このような生殖可能な状態になるには一連の経過が必要で、この過程を「性成熟過程」とよび、この過程の開始を「春機発動」（puberty）、この過程の完了を性成熟としています。

春機発動に達すると、メスでは卵巣の発育と排卵が開始され、膣の開口（マウス、ラット、ハムスター類、モルモットなど）が見られます。

一般には、メスでは正確に性周期を回帰、オスと交尾して妊娠、分娩、哺育の一連の生殖過程が可能になった時期を性成熟に達したと見なします。

生後10～20日に大量の卵胞刺激ホルモン（follicle stimulating hormone：FSH）の分泌と卵巣および副腎から大量のエストロゲン（estrogen）のうちエストラジオール－17β（estradiol-17β）の分泌が見られます。卵巣では卵胞の発育が進み、この時期に大量のＦＳＨの作用を受けて胞状卵胞へと発育します。

メスラットでは、生後20日以降、ＦＳＨ分泌は低下していますが、生後35～40日頃に黄体形成ホルモン（luteinizing hormone：LH）およびＦＳＨの一過性の大量放出が起こり、初回の排卵に至ります（図2）。

春機発動の開始は、エストラジオール－17βによるＬＨ放出に対する視床下部－下垂体系への正のフィードバック（positive feedback）機構（図3）が重要な役割を演じているとされています。生後16日以前ではエストラジオール－17βによる正のフィードバック機構は未完成ですが、日齢が進むにつれてその反応性が増強します。

2　性周期（発情周期）

哺乳動物のメスでは、卵巣の成熟と排卵が周期的に起こり、それに伴い子宮や膣など

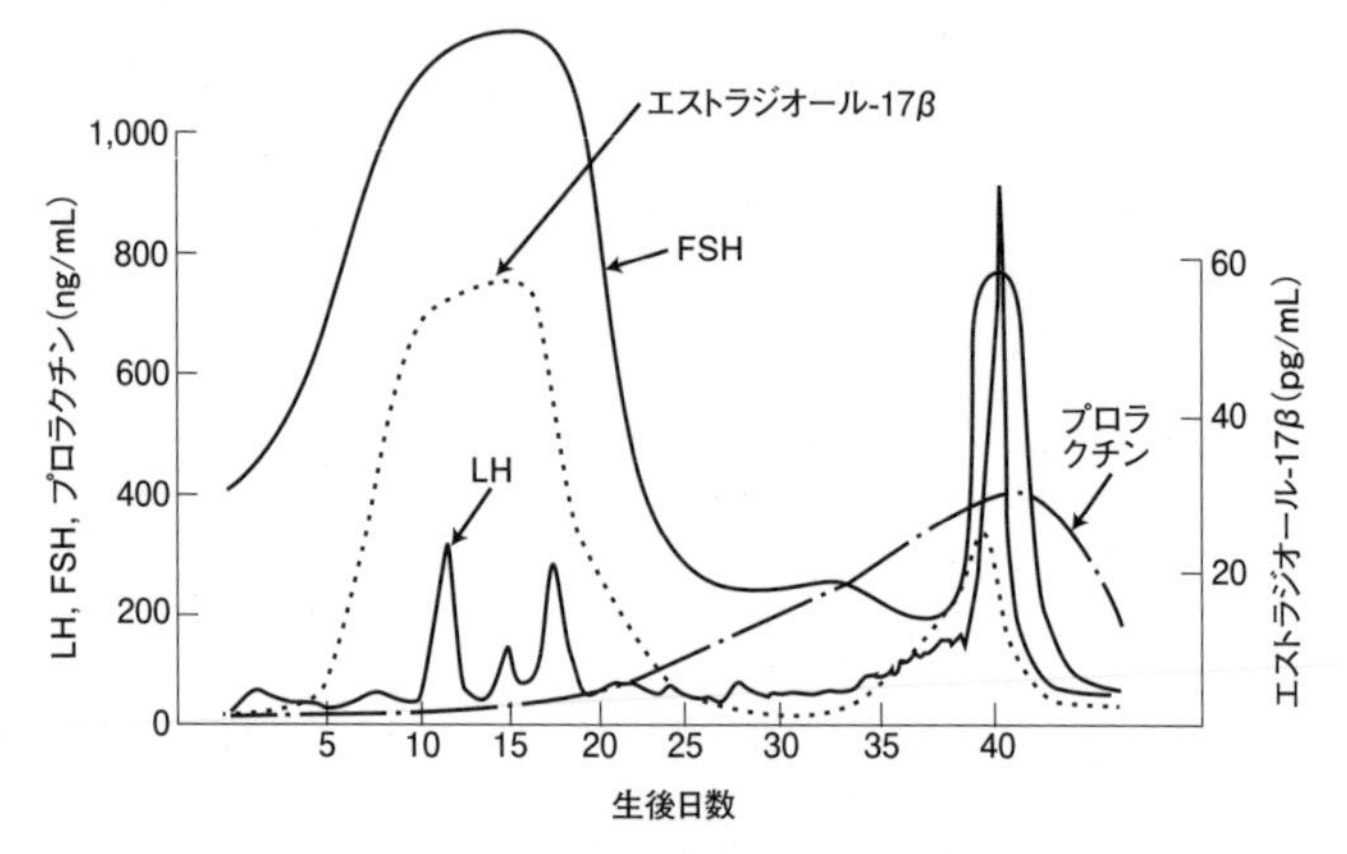

図２　メスラットの性成熟過程における血中ホルモン
（Andrews & Ojeda, 1981 より改変）

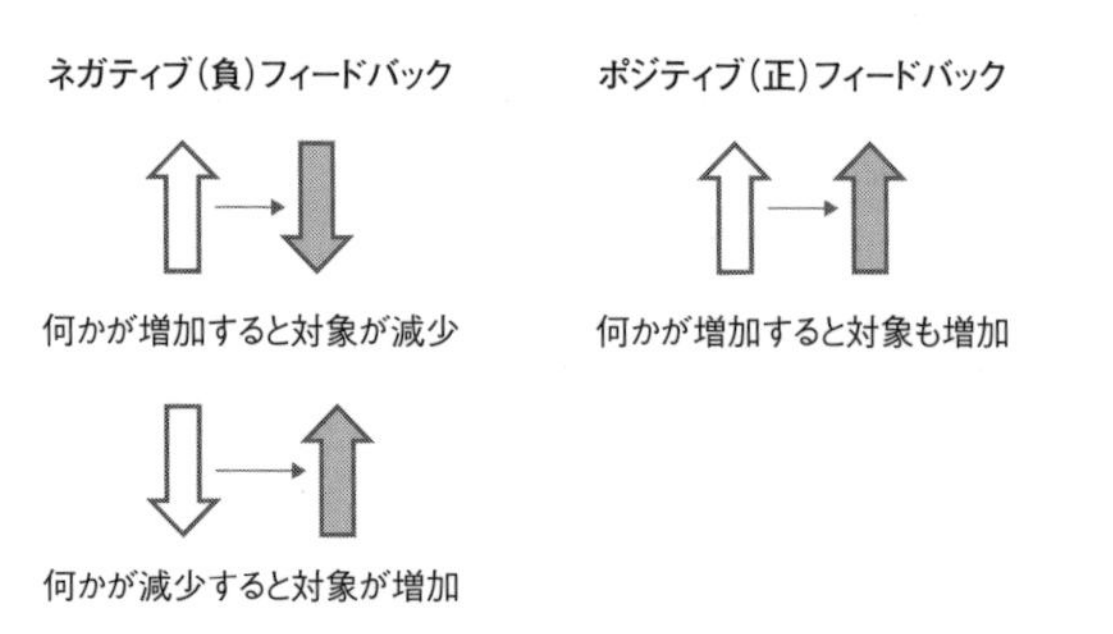

図３　フィードバック機構

正のフィードバックにより、エストラジオール -17 β が増加すると視床下部ー下垂体系によりＬＨが放出される。

の副生殖器、さらには行動にも消長変動が見られます。この現象を「性周期」（sexual cycle）と言います。排卵が起こっていても受精、着床の成立しない性周期は不完全あるいは「不妊周期」、これに対して受精、妊娠、分娩、泌乳、哺育を含む性周期は「完全性周期」と言われています。

性周期には年間一定の季節にかぎって見られる「季節繁殖動物」と、一年にわたって見られる「周年繁殖動物」とが知られています。

哺乳動物の性周期は、次の3つの基本型に大別されます。

（1）完全性周期（complete estrous cycle）

卵巣では交尾刺激の有無に関係なく卵胞の発育、排卵、黄体の形成および退行が繰り返されます。この型の特徴は性周期が卵胞期（follicular phase）と黄体期（luteal phase）から成ることです。

卵胞の発育に伴って顆粒層細胞からエストロゲンが分泌され、発情を誘起し、下垂体からＬＨが放出されて排卵します。排卵後、形成された黄体からプロゲステロン（progesterone）が持続的に分泌され、子宮、膣に変化をもたらします。

この型にはヒト、サル、モルモットが含まれます。

（2）不完全性周期（incomplete estrous cycle）

卵胞発育、排卵が交尾刺激とは無関係に繰り返されますが、形成された黄体は持続的にプロゲステロンを分泌せず短期間で機能を消失します。マウス、ラット、ハムスター類などでは通常4~5日間隔で排卵が起こります。

このように黄体期が欠如する動物でも、排卵期に交尾刺激あるいは子宮頸管への機械的刺激が加えられると、形成された黄体は長期間にわたりプロゲステロンを分泌して黄体期が出現しますが、受精した場合に着床、妊娠と移行する黄体期に比べて短期間で機能を消失します。この現象を「偽妊娠」（pseudopregnancy）とよび、完全性周期に相当します。偽妊娠期間が終了すると再び不完全性周期を反復するようになります。

（3）交尾刺激（post-coital ovulation）

黄体期に加えて排卵も欠如し、卵胞期のみから成る不完全性周期です。

上述した完全性周期および不完全性周期を示す動物は交尾の有無に関係なく周期的に

排卵するものであり、自然排卵動物（spontaneous ovulatory）とよばれます。これに対して、交尾排卵動物（copulatory ovulatory）は卵巣には常に成熟卵胞が存在していますが、自然には排卵しません。交尾あるいは交尾に類似した刺激が子宮頸管へ加えられて初めて排卵します。

交尾排卵動物にはネコ型とウサギ型があります。前者は卵巣での卵胞発育に周期性が見られ、それに伴って周期的に発情します。後者は卵巣にはほぼ一定の成熟卵胞が常に存在し、持続性発情（persistent estrus）を示します。

性周期のステージを知る方法として、マウスやラットでは膣スメア（vaginal smear）の所見が用いられます。膣粘膜の剥離細胞、すなわち膣垢によって卵巣の機能的変化を追及することができます。膣垢は主として膣壁の上皮細胞、白血球、粘膜から成ります。膣粘膜はエストロゲンとプロゲステロンの標的組織ですから、卵巣における一連の変化（卵巣発育－排卵－黄体形成－黄体退行）に伴うホルモンの変動に対応して膣粘膜も変化します。この現象により、膣垢が性周期の観察や発情の判定に用いられています。膣垢が性周期と強い相関性の認められている動物種にはマウス、ラット、モル

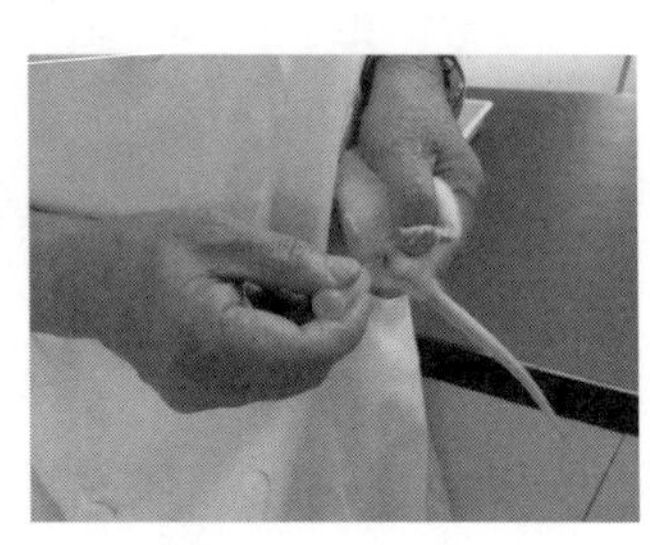

図4　ラットの膣垢（vaginal smear）の採取法

モット、フェレット、イヌ、ネコなどが知られています。

膣垢の採取はスポイト、綿棒などを用いて行います。スポイトの際、少量の蒸留水を含ませて膣内洗浄液を採取し（図4）、スライドグラス上で乾燥し、ギムザ染色液で染色してから鏡検します。図5に示す膣垢像が観察されます。

①発情前期（proestrus）

発情前期は卵巣の発育が急速に起こり、エストロゲンの濃度が高まり、排卵のためのLHサージが惹起される時期です。この時期の膣垢は有核上皮細胞によって占められています。ラットの真の発情、すなわちオス許容時期は発情前期の夕方から発情期の早朝までであり、排卵は午前1〜4時頃に認められます。

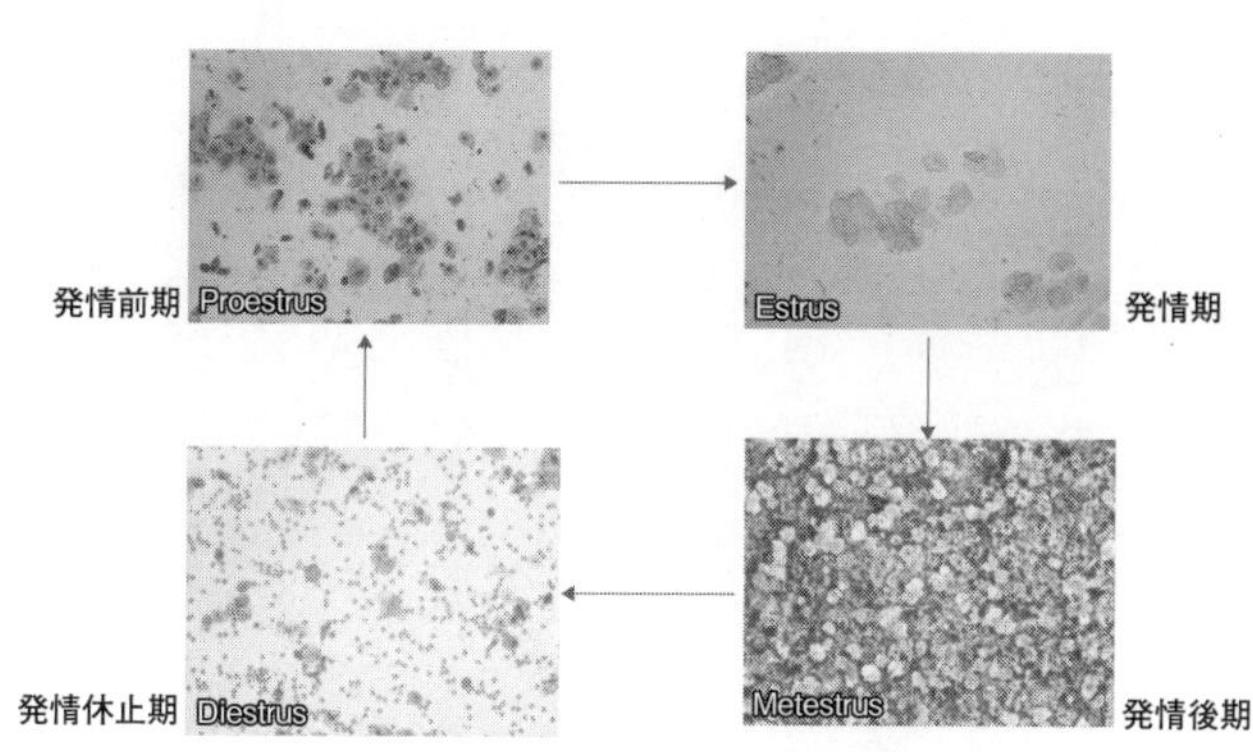

図5　ラットの性周期における膣垢像
性周期は４日間で繰り返される。

②発情期（estrus）

膣垢的発情期とよぶことが適切であるかも知れません。その理由は上述したように、発情期における真の発情を示す時間帯が非常に短いためです。発情前期に分泌されたエストロゲンにより膣上皮細胞が角化するため、この時期の膣垢像は角質細胞のみが特徴的に出現します。

③発情後期（metestrus）

発情期に見られた角化上皮細胞が減少し、これに代って変性した有核上皮細胞および白血球が主体の膣垢像が観察されます。この時期の有角上皮細胞と発情前期の膣垢像に見られる細胞とは、原形質の明るさの違いにより区別が可能です。

④発情休止期（diestrus）

不完全性周期であるマウス、ラットでは黄体形成が見られないため、発情休止期の期間は非常に短く4日（または5日）周期で発情を繰り返します。この時期の膣垢には白血球と粘液が認められ、これに少量の有核上皮細胞や角化細胞が混在しています。

照明時間（午前5時点灯、午後7時消灯）を調整して飼育しているラットは、通常4、あるいは5日間隔で排卵します。成熟卵胞を排卵へ導くためのLHサージ（LH surge）は発情前期の午後5〜7時に起こりますが、LHサージに先行して発情前期の午後2〜4時に中枢神経系の興奮が発生します。この興奮を受けて視床下部から神経分泌により下垂体門脈へ性腺刺激ホルモン放出ホルモン（gonardotrophic hormone releasing hormone：GnRHあるいはLHRH）が放出され、次いでLHサージが起こります。LHサージに伴ってFSHサージも認められます。

卵胞の発育に伴い、血中エストラジオール-17β濃度は発情後期から上昇が始まり、発情前期のLHサージの直前に最高値を示します。LHサージにより排卵性変化を受けた卵胞の顆粒層細胞は、急速にエストラジオール-17βの分泌を停止し、それに代わってプロゲステロンの一過性分泌が起こります。さらに、ラットでは排卵後の新生黄体

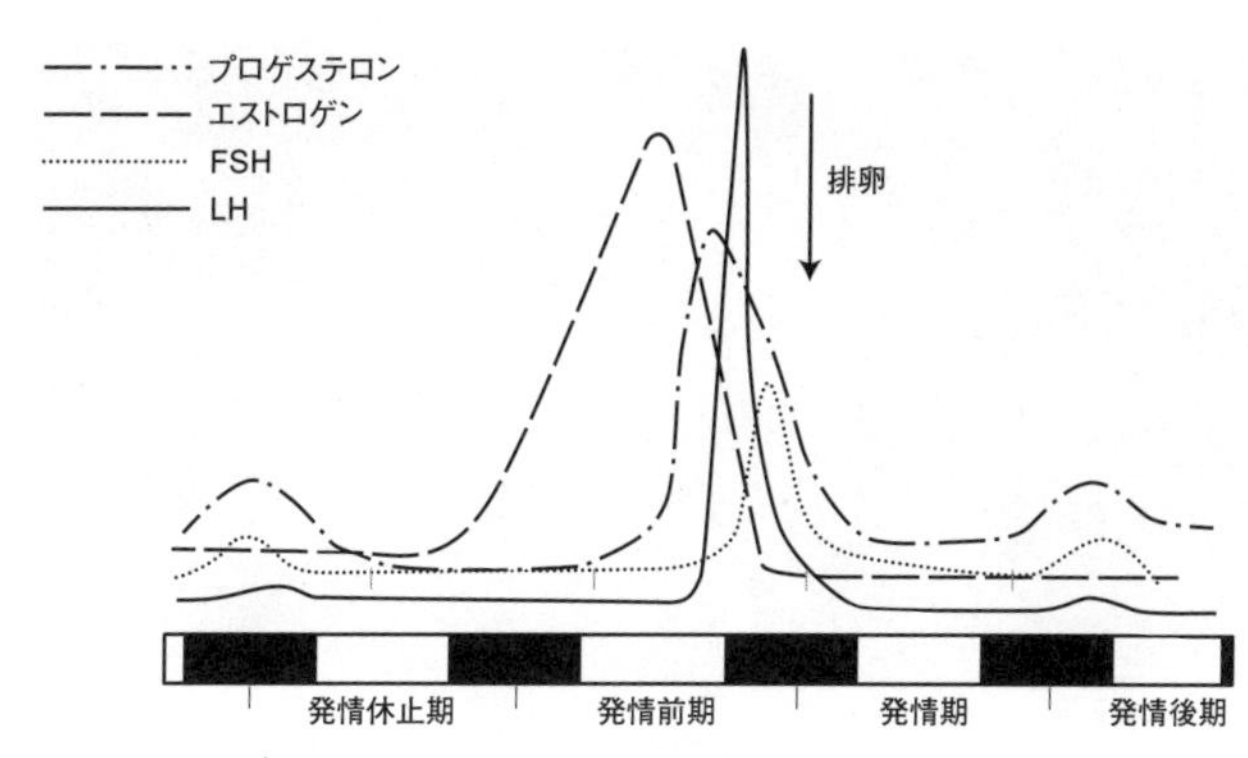

図6　ラットの性周期に伴う血中ホルモン濃度の推移

に由来するプロゲステロンの分泌増加が、発情後期の夕方から発情休止期の早朝にかけて再び認められます（図6）。

3　性行動

発情状態にあるメスラットに顕著に見られる性行動として、オスと一緒にするとオスを勧誘する行動「soliciting behavior」、たとえばピョンピョン跳ねながら逃げる行動「hopping」や耳介を振るわせる行動「ear－wiggling」などが観察されます。次いで、「ロードーシス行動」（lordosis）が見られます。オスの乗駕に反応して、発情しているラット、ハムスター類などのメスでは、図7に示すように脊柱を湾曲させ、後肢と前肢を伸展させ、臀部と頭部を持ち上げる姿勢を示します。

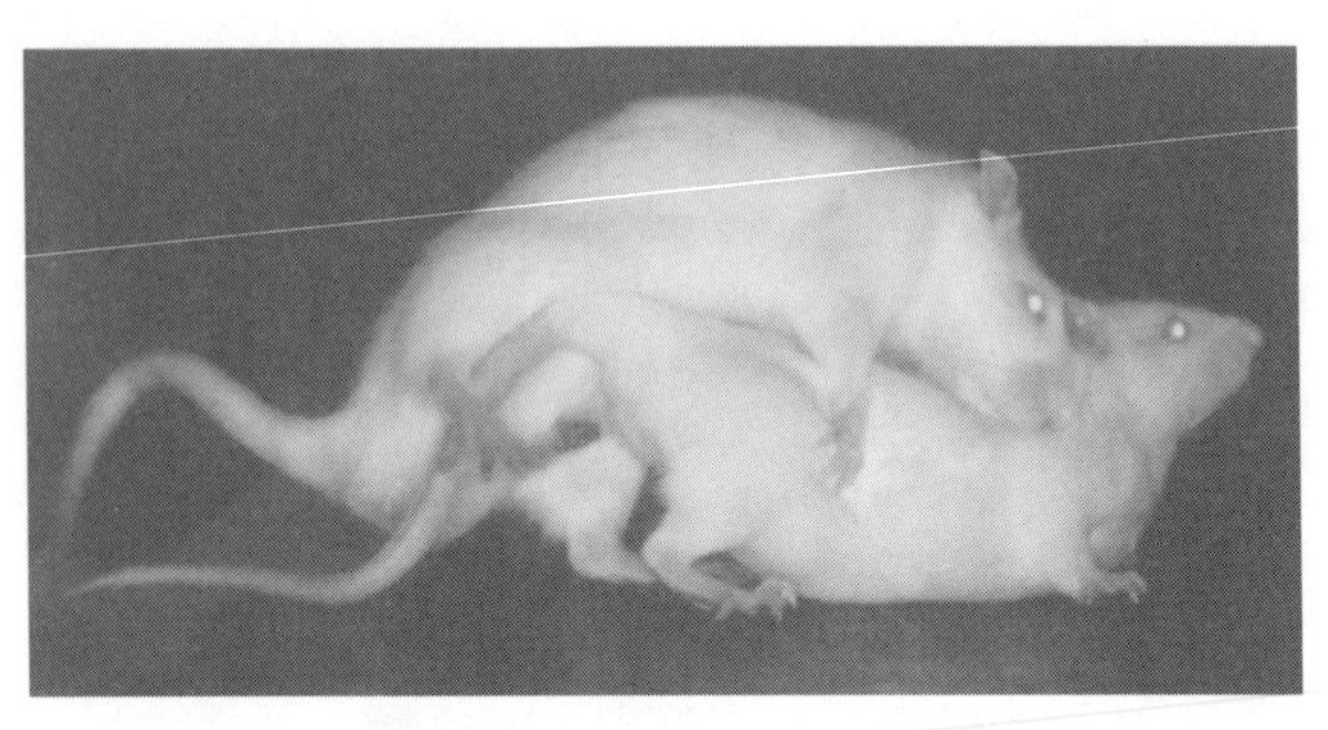

図7　ラットのロードーシス行動
ロードーシスは知覚神経情報が運動神経情報に置き換えられ発現する。

この状態をロードーシスと言います。

オスが乗駕する時、オスの前肢が接触するメスの皮膚の知覚神経の切断によってロードーシスが発現しなくなります。このことは乗駕による皮膚刺激が知覚神経を介して中枢神経系に投射された結果、ロードーシスが引き起こされたことを示唆しています。さらに、頭部と臀部を持ち上げるには、その部分の筋肉の収縮を必要とし、運動神経の興奮も必要となります[1]。すなわち、ロードーシス行動はホルモン情報と知覚神経情報が運動神経情報に置き換えられ発現するのです。

多くの齧歯目では、ロードーシス行動の発現は卵巣から分泌されるエストロゲンによってコントロールされています。

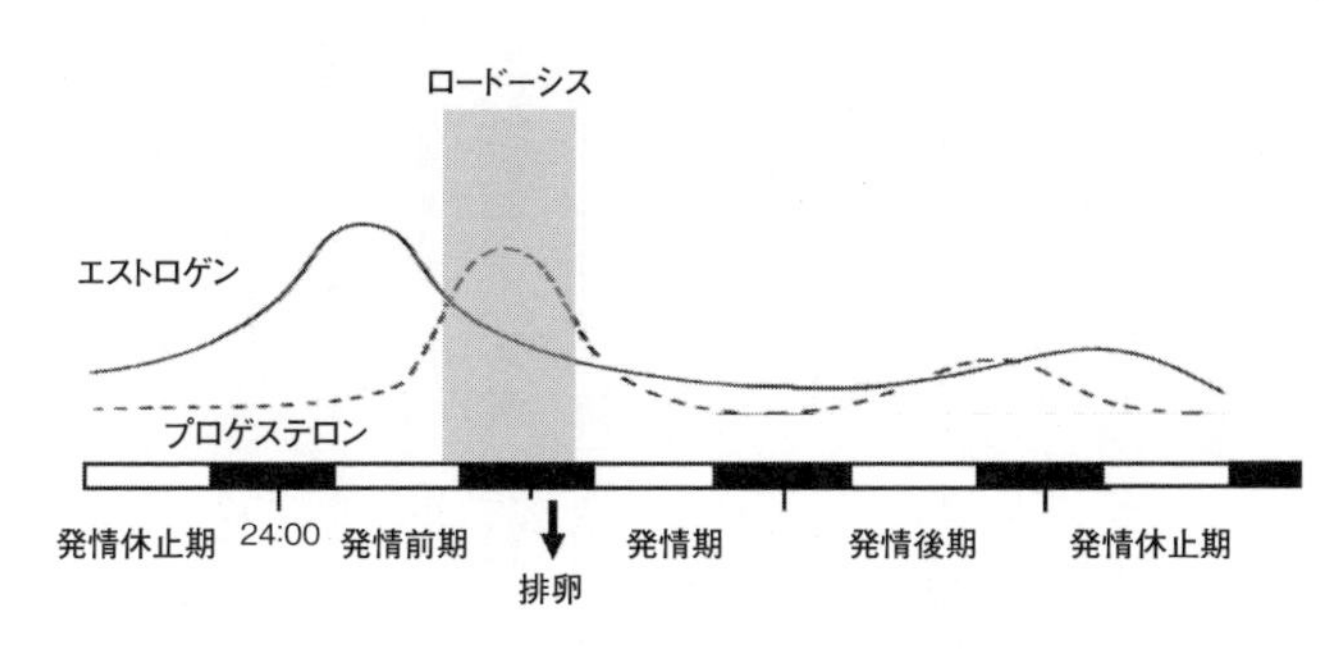

図8　性周期における性行動の発現時期

性周期においては、ロードーシスの発現はエストロゲンの分泌が高値を示す排卵前後で誘起されます（図8）。

卵巣の摘出によりロードーシスの発現は見られなくなりますが、エストロゲンとプロゲステロンの投与によってロードーシスを示すようになります[2]。また、プロゲステロンの代わりにLHRH（luteinizing hormone releasing hormone）の投与によってもロードーシスを示します[3]。

4　受精と着床

精子が卵子の中に侵入し、両者の核が卵細胞内で一連の変化をした後、染色体が合体して種特有の染色体数を有する接合体を作るまでの現象を「受精」（fertilization）と言います。この過程で重要なことは、精子の侵入により卵子が活性化されることです。卵子はほかの刺激によっても活性化されますが、哺乳動物では胚（embryo）の発達までは進みません。

受精卵は分割して胚になります。16～32細胞期までのものを桑実胚（morula）、胞胚腔を有するものを胚盤胞（blastocyst）とよびます。桑実胚または胚盤胞の早期まで発生が進むと、胚は子宮に侵入し、胚盤胞は子宮腔を浮遊しています。その後、子宮上皮に胚盤胞の外膜が定着して胚の発育の準備を行うようになります。これを「着床」（implantation）と言います。

胚と着床とホルモンとの間には密接な関係があります。マウス、ラットでは着床前に見られるエストロゲンサージにより着床が誘起されると考えられています。また、受精卵の着床は卵巣除去により遅延します。着床が遅延している胚盤胞は子宮腔内でその成長や物質代謝が抑制され、休眠状態にありますが、プロゲステロンとエストロゲンを投与することにより、胚盤胞は大きさを増し、やがて着床することが知られています。

一方、ハムスター類、ウサギなどではプロゲステロンのみで着床することが明らかにされています。

5 妊娠

受精卵の着床から胎子およびその付属物の排出までの期間を妊娠と言います。妊娠した母体では、それまで回帰していた性周期は停止し、黄体は退行せず妊娠黄体となり妊娠を維持します。

妊娠に伴うホルモンの変化（図9）について以下に述べます。

（1）妊娠維持

妊娠成立後、プロゲステロンはすべての動物において妊娠維持に重要な役割を担っています。この期間のプロゲステロンの役割は、子宮筋のエストロゲンやオキシトシン（oxytocin）に対する感受性を低下させて子宮運動を抑制し、子宮頸管を緊縮させて妊娠を維持させることです。また、エストロゲンもプロゲステロンに協力して妊娠維持作用を示します。すなわち、子宮内膜の発育増殖や分泌機能の促進と、胎子の成長に伴う子宮筋の増殖肥大に関係しています。

妊娠中のプロゲステロンは、すべての動物で妊娠初期には黄体で産生されますが、中期あるいは末期になると動物種によって胎盤、その他から産生されるようになります。

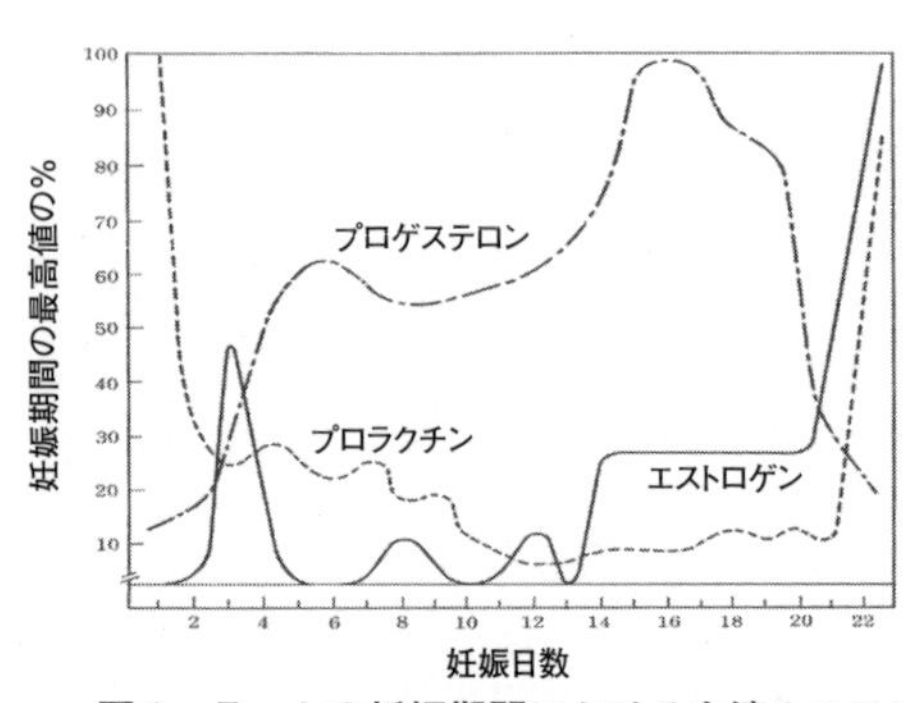

図9　ラットの妊娠期間における血清ホルモン
ラットの妊娠期間における血清プロゲステロン、エストロゲンおよびプロラクチンの値（Slotnick, 1975より改変）

このような動物では妊娠の全期間を通じて黄体を必要としません。

妊娠期におけるプロゲステロン分泌について類別すると次のようになります。

①卵巣黄体にすべて依存するもの…ウサギ、ヤギ、ブタなど。

②妊娠のある時期において、胎盤から分泌する性腺刺激ホルモンが卵巣を刺激し、増強された黄体機能を持つようになるもの…霊長類（hCG）、ウマ（PMSG）、ラット（luteotropic hormone：LTH）など。

どうして、このようなことが言えるのでしょうか？　著者が大学院生であった頃、当時の今道友則教授の研究室で行っていたラットの実験について見てみましょう。ちなみに、今道教授は下垂体

図10　今道友則教授と生理学教室員（1970年代初頭）

ならびに胎盤由来の性腺刺激ホルモンの内分泌学的機能を解明した生理学者として国際的に知られています（図10）。また、内分泌学の研究上、貴重なラット下垂体の摘出手術（図11）を考案され、周咽頭法として確立されました[4]。

当時、生理学教室で繁殖維持していたWistar-Imamichi ラットは下垂体摘出を妊娠9日目（交尾翌日妊娠0日）、10日目に行えば70%、11日目以後に行えば100%妊娠を維持し[5]、その時の胎盤性LTH活性は妊娠11日目で最も高く、妊娠10日ならびに12日目では妊娠11日目の約30～50%の活性[6]であることを明らかにしました。これらの成績は、ラットの妊娠前半期では下垂体LTH（プロラクチン）が黄体機能を維持し、妊娠後半期では胎盤から分泌するLTHが黄体機能の維持

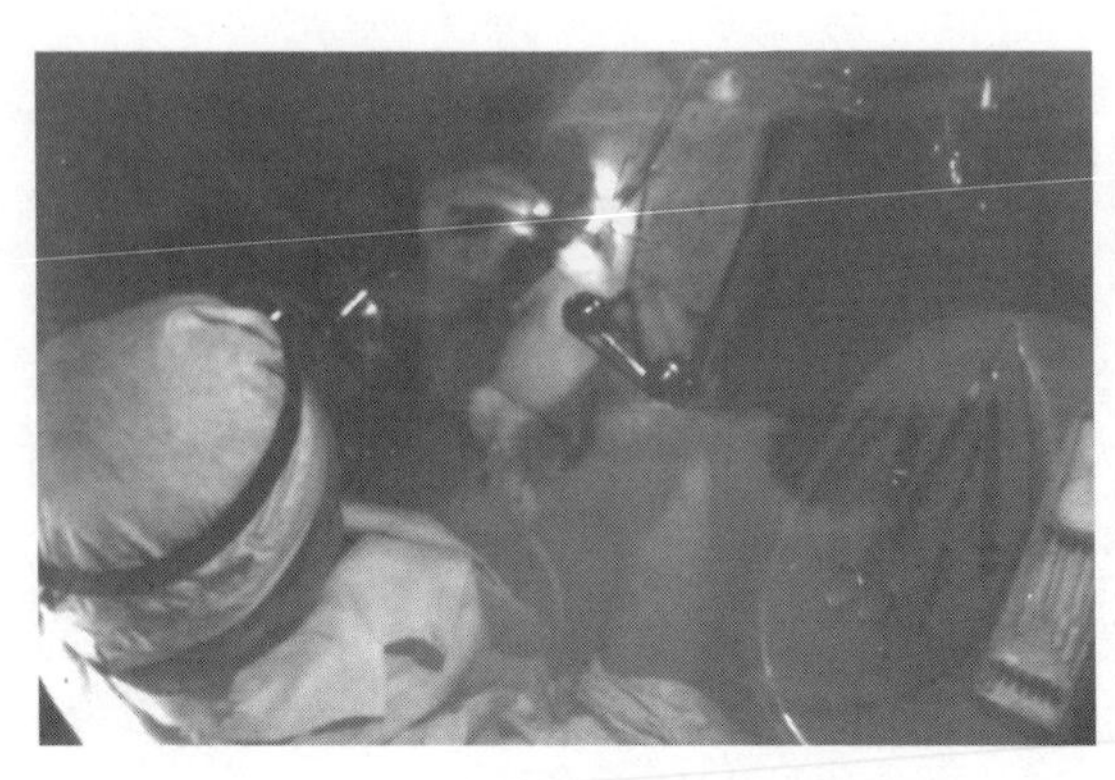

図 11　ラットの下垂体摘出手術（周咽頭法）

に関与し、プロゲステロンの分泌を促して妊娠を維持したことを示すものです。

③妊娠後半期には胎盤が卵巣に代ってプロゲステロン分泌機能を営むもの…霊長目、ウマなど。

④胎盤以外の臓器（副腎）がプロゲステロンを補強するもの…ヒツジ、ウマなど。

（2）妊娠黄体の機能的維持

妊娠黄体の機能的存続は、黄体刺激因子の持続性によります。これと同時に、胎膜や胎盤の存在が子宮内膜における黄体退行因子（luteolytic factor）の産生を抑制、または中和して黄体の退行を阻止しています。

多くの動物ではＬＨが黄体刺激因子の主体です

が、マウスやラットではプロラクチンが黄体の機能を誘起しています。この場合、LHはステロイドの合成を促進し、プロラクチンはコレステロール（ステロイドホルモンの前駆体）の供給を促進すると同時にプロゲステロンの代謝を抑制しています。

6 分娩

胎子がその付属物とともに母体外に排出されることを「分娩」（parturition）と言います。

分娩開始は、直接には子宮筋の興奮による収縮性の増大ですが、その原因に関しては母体血中のプロゲステロン濃度の低下、エストロゲン濃度の上昇、あるいは両者の比率の増加、子宮内容積の増大、オキシトシン、プロスタグランジン（prostaglandin：PG）、カテコールアミン（catecholamine）などの放出増大などが考えられていましたが、最近では胎子が主導的な役割を演じているとする仮説が有力視されています。

すなわち、胎子の下垂体から副腎皮質刺激ホルモン（ACTH）が分泌され、これに反応して胎子の副腎から大量の糖質コルチコイド（glucocorticoid）が分泌されることに端を発します。この糖質コルチコイドが胎盤に作用してエストロゲンの分泌が増大し、逆にプロゲステロン分泌が抑制されます。分泌増大したエストロゲンはプロスタグランジンF2α（PGF2α）の分泌を促進し、さらにリラキシン（relaxin）と協力して産道の弛緩にはたらきます。また、この時に分泌されるPGF2αの作用によって黄体退行が起こり、黄体からのプロゲステロン分泌は減少します。このようなホルモン環境下では子宮のオキシトシンに対する感受性が高められ、子宮の収縮へと移行します。さらに、胎子の子宮、子宮頸管壁への機械的刺激に反応して母体の下垂体からオキシトシンが分泌されます。

7 哺育

出生した新生子が独立して生活できるまで、母親が保護、養育することを「哺育」（nursing）とよび、泌乳および授乳をはじめとする哺育行動から成り立っています。

（1）哺育行動

哺育行動を構成する「巣造り」（nest-building）、「リトリービング」（retrieving 迷い出た子を自分の側に寄せ集める行動）、「リッキング」（genital-licking 子の性器を舐

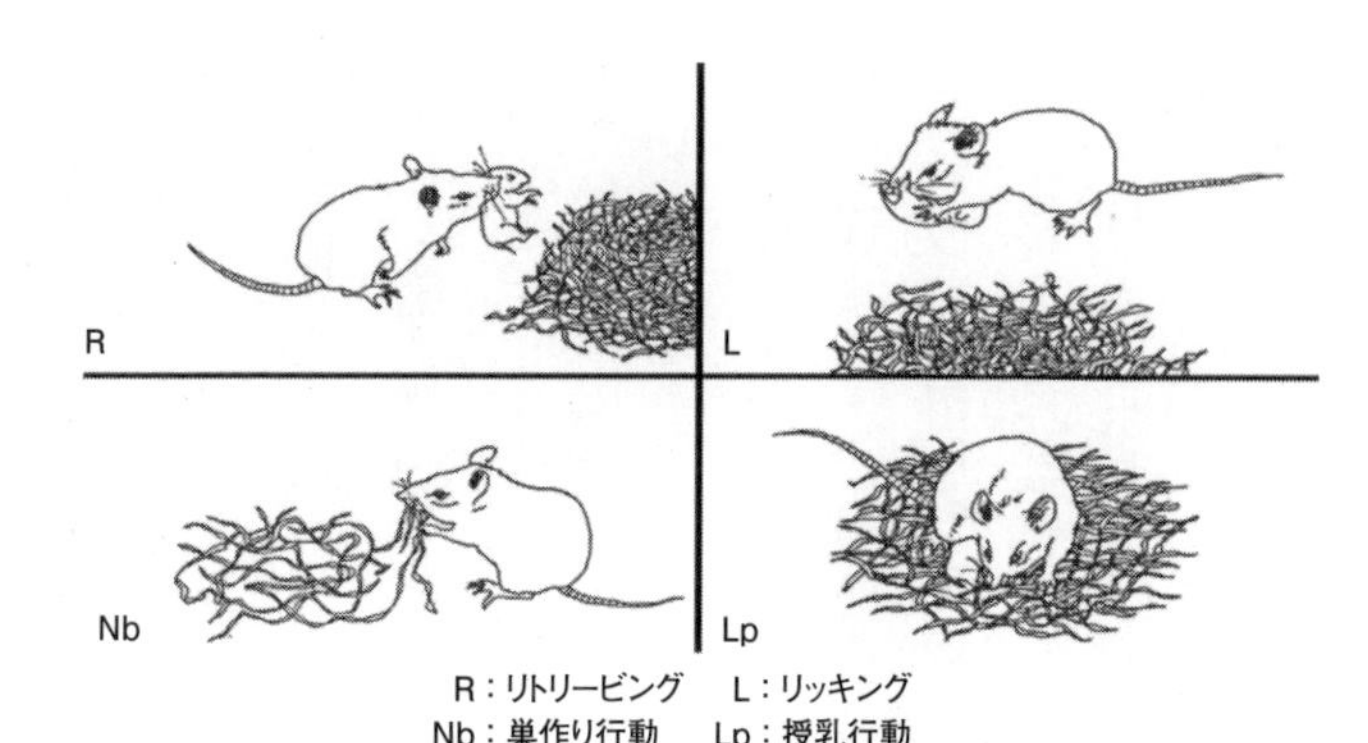

図12　マウス、ラットの母性行動

めて排尿・糞を促す行動）、「授乳行動」（lactation position）などは、出生直後の新生子の生死にかかわる重要な行動群です（図12）。

これらの行動の発現開始は、妊娠後期から分娩後にかけてのホルモン（プロゲステロン、エストロゲン、プロラクチン）の大きな変化に起因していると言われており、特にプロラクチンの関与が指摘されています。妊娠および授乳中のラットにおいて、血中プロラクチンと脳内プロラクチン受容体の遺伝子発現を調べると、哺育行動の発現時期に一致して脳内の長型（long form）プロラクチン受容体mRNA発現の上昇が認められています[7]。

新生子からの知覚的刺激は母親の脳に存在する哺育行動の制御中枢にはたらき、その行動を起こさせているものと考えられています。その中枢が視索前野（preoptic area：POA）で、この部位を破壊してしまうと哺育行動が見られなくなるとの報告があります[8]。このように視索前野は哺育行動に必須の部位です。

（2）泌乳

メスの哺乳動物が乳腺で多量の乳汁を合成、分泌し、体外に排出することを「泌乳」（lactation）と言い、乳腺の発育、泌乳の開始および泌乳の維持の3つの段階が考えられています。

①乳腺の発育

春機発動を迎えると乳腺は急速に発育を開始し、多くの動物で形態的完成および泌乳機能は妊娠によって完成されます。乳腺の形態的完成は、乳腺の腺管系は主としてエストロゲンの作用により発育し、腺胞（乳腺小葉と終胞）の発育はエストロゲンとプロゲステロンの共同作用によります。このほか、プロラクチン、副腎皮質刺激ホルモン（ACTH）、成長ホルモン（GH）なども乳腺の発育に関与していると考えられています。

②泌乳の開始

乳腺は妊娠期に著しく発育し、妊娠末期には泌乳できる状態に達し、分娩時あるいは

郵便はがき

料金受取人払郵便

中野局承認

7003

差出有効期間
2020年5月
31日まで

1 6 4 - 8 7 9 0

0 4 0

東京都中野区東中野4-27-37

(株)アドスリー
編集部 行

お名前　フリガナ（　　　　　　　　　　　　　　）
ご年齢（　　　）才　男・女
ご住所（〒　　　－　　　　）
TEL（　　－　　－　　）　FAX（　　－　　－　　）
E-mail
ご所属

業種	□教育関係者 □研究機関 □医療関係者 □会社員 □学生 □その他（　　　）	職種	□会社役員 □会社員 □教員 □研究員 □学生 □その他（　　　）

ご購入いただき誠にありがとうございます。
お手数ですが、下記項目にご記入いただき弊社までご返送ください。

ご購入書籍名

本書を何で知りましたか？

□ 弊社図書　□ 弊社 HP　□ 雑誌およびメディア紹介　□ 広告
□ 書店　□ その他（　　　　　　　　　　　　　　　　　　　）

本書に関するご意見をお聞かせください。

内容　　　　（大変良い・普通・良くない）
　　　　　　（わかりやすい・わかりにくい）
価格　　　　（高い・適正・安い）
レイアウト　（見やすい・普通・見づらい）
サイズ　　　（大きい・普通・小さい）

［具体的に　　　　　　　　　　　　　　　　　　　　　　］

上記関連書籍で良くお読みになられる書籍（雑誌）

［　　　　　　　　　　　　　　　　　　　　　　　　　　］

関心のあるジャンル（最近購入したもの・今後購入予定のもの）

［　　　　　　　　　　　　　　　　　　　　　　　　　　］

今後、具体的にどのような書籍を読みたいですか？

［　　　　　　　　　　　　　　　　　　　　　　　　　　］

弊社発行の書籍およびシンポジウムの案内を送らせていただいております。
今後、案内等を希望されない場合には下記項目にチェックをしてください。

□ 希望しない

分娩直前に本格的な乳汁分泌が開始されます。この乳汁分泌開始は内分泌系によって支配されています。妊娠末期になるとエストロゲンの増加とプロゲステロンの減少によるエストロゲン優勢の比率となり、下垂体から乳汁分泌開始ホルモン群（プロラクチン、ACTH、成長ホルモンなど）の分泌が促進されます。これによって、乳汁分泌が開始されると見られています。

③泌乳の維持

乳腺が泌乳機能を維持するためには、乳汁分泌維持ホルモン群とよばれるプロラクチン、成長ホルモンおよびACTHが必要とされます。吸乳刺激は神経経路により脊髄を経て視床下部のプロラクチン放出抑制因子（prolactin inhibiting factor：PIF）の放出を抑制してプロラクチンの放出を促し、さらにオキシトシンの分泌も促すものと考えられています。プロラクチンは乳汁生成の過程に作用し、オキシトシンは乳腺胞腔から乳汁の射出（milk ejection）を惹起します。

新生子は母乳の栄養源から固形食へと移行し、離乳時期を迎えます。母親はやがて規則正しい性周期を再開し、排卵、受精、着床、妊娠、哺育の生殖活動を繰り返す生殖周期を示すようになります。一方、離乳子は成長に伴い卵巣の発育が活発になり、性成熟を迎えることになります。

いずれ、生殖寿命（生殖の可能な限界年齢）が終わりに近づくと、性周期が不規則となり、やがて排卵が停止します。卵巣ではエストロゲンやプロゲステロンの分泌が低下します。このため、視床下部－下垂体系に対する負のフィードバック作用が弱まり、視床下部から性腺刺激ホルモン放出ホルモン（ＬＨＲＨ）が持続的に分泌されるようになり、下垂体前葉から性腺刺激ホルモン（ＧＴＨ）の分泌が増加します。また、視床下部からのドーパミン（dopamine）分泌が減少するため、下垂体前葉からのプロラクチン分泌も増加します。

このような老化した個体の卵巣は性腺刺激ホルモンの作用を受けても、もはや卵胞発育や排卵は起こりません。

生殖機能に見る概日リズム

先に示したように、生殖周期のリズムは神経内分泌系の活動において顕著に見られました。たとえば、哺乳動物のメスでは一定の周期の不妊周期（性周期）に基づいて排卵

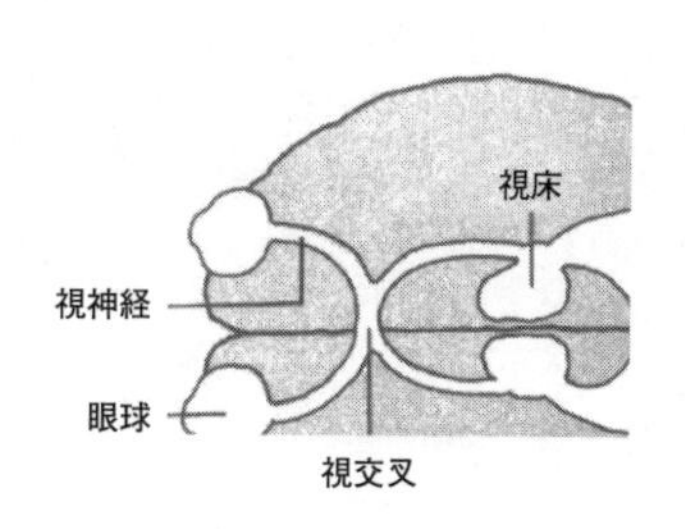

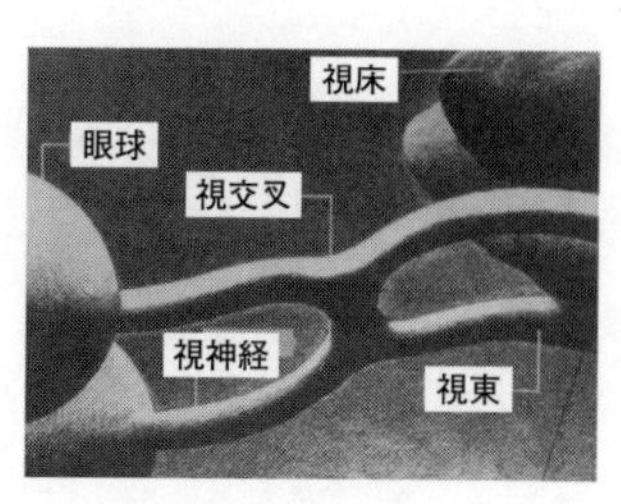

図 13　哺乳動物の日内リズム形成
眼から入力した 24 時間周期の明暗情報は視神経を経由して、視交叉の真上に位置する視交叉上核に直接伝達される。この明暗周期に視交叉上核の時計機構が同調し 24 時間周期のリズムを駆動する。

し、妊娠の成立により分娩、哺育まで含めた生殖周期が形成されていました。これらの生殖活動の調節に関与する視床下部、下垂体の機能においては、概日リズムや長周期リズムの存在が認められています。

つまり、生殖リズムの発生は、ホルモンの周期的な分泌現象に基づいており、その分泌の周期性は視交叉上核（SCN）の体内時計によって支配されていると考えられています。視交叉上核は、視床下部の視神経が集まった部分です。外界から入力された光は網膜で活動電位を発生させ、この情報の一部は視神経を通って視交叉上核へ伝達されます（図13）。

1　胎生期と概日リズム

体内時計の中枢である視交叉上核の発生時期はいつ頃でしょうか？　マウスやラットでは出生の1週間前、すなわち胎生14〜17日頃に形態的な視交叉上核の発生が見られ、視交叉上核に遺伝子（時計遺伝子）発現などのリズムが見られるのは胎生18〜19日と言われています[9,10]。このように視交叉上核に概日リズムが見られるのは発生のかなり後期になってからです。

この概日リズムの成立には母体のリズムは必要なのでしょうか？　妊娠ラットの視交叉上核の破壊により、概日リズムを欠如した母親から出生した新生子の概日リズムは消失していないと報告されています[11]。また、母親の時計遺伝子の欠損によって概日リズムが欠如している状態で、出生した新生子の概日リズムは正常に形成されているとの報告があります[12]。

これらの報告は、哺乳動物の概日リズムの発生には母親のリズムは必須ではなく、胎子の内在性の機構によってリズムの発振が起こることを示唆しています。

ちなみに、視交叉上核は加齢に伴って組織解剖学的あるいは機能的な変化が現れ、概日リズムの振幅が低下します。つまり、概日リズムの周期長は短くなっていきます[13,14]。

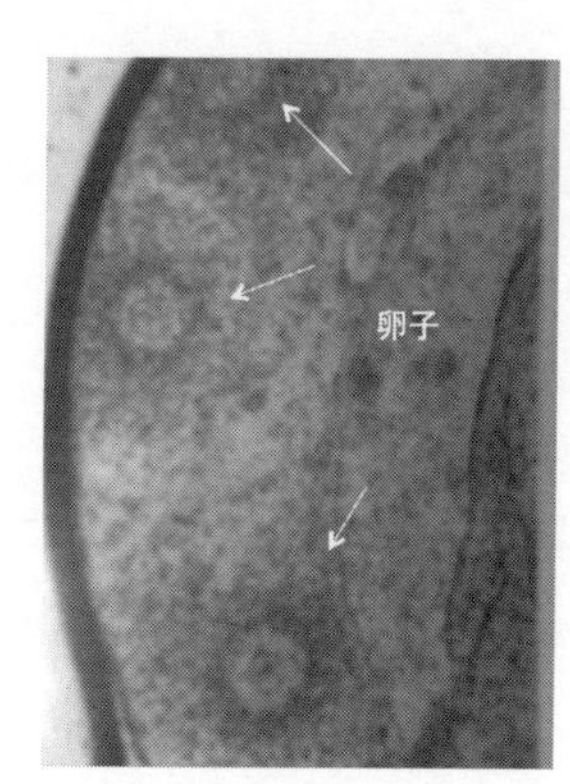

図14 ラットの卵管膨大部に見られる排卵された卵子

視交叉上核の移植実験は、時計機構が老化と寿命に決定的な役割を担っていることを示唆しています。ラットでは、胎子や若齢の視交叉上核を老齢動物に移植すると、概日リズムの回復とともに寿命が延びることが報告されています[15,16]。

2 性周期と概日リズム

メスラットは、正常明暗交代サイクル下では4～5日を周期として発情、排卵を繰り返します。

排卵のための大量の黄体形成ホルモン（LH）分泌は、発情前期に起こります。ラットの生殖活動における概日リズムの関与は、この発情前期における排卵性LH分泌のタイミングに関する神経機構についての研究において、初めて示されました[17,18]。Everett & Sawyerは、発情前期の

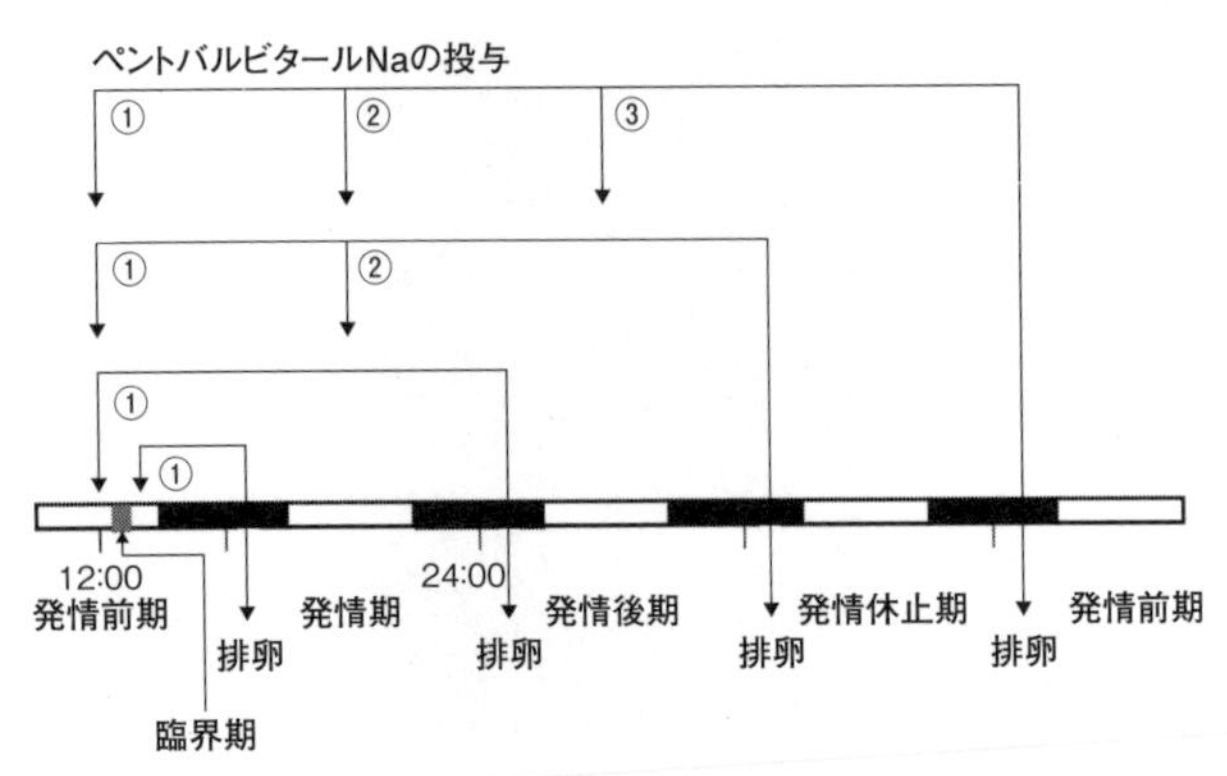

図 15　中枢神経麻酔薬投与による排卵の遅延

排卵前のいろいろな時刻に中枢神経麻酔薬（ペントバルビタールナトリウム、pentobarbital sodium）を投与し、翌日（発情期）に卵管膨大部内の卵（図14）の有無を調べてみると、発情前期の14時（明相の中間点：正午）以前に麻酔した場合は、LHサージは起こらず、排卵が抑制されています。一方、16時以後に麻酔した場合は、無処置ラットと同じく排卵が起こります。この一定の時刻（14〜16時）を排卵のための「臨界期」（critical period）とよばれています。

したがって、発情前期の臨界期前に麻酔薬により中枢神経系の活動を阻止すると、排卵は麻酔薬の効果発現時間だけ遅れるのでなく、24時間遅れてしまいます。次のステージ、発情期にもう一度麻酔薬を投与すると、排卵はさらに24時間遅れま

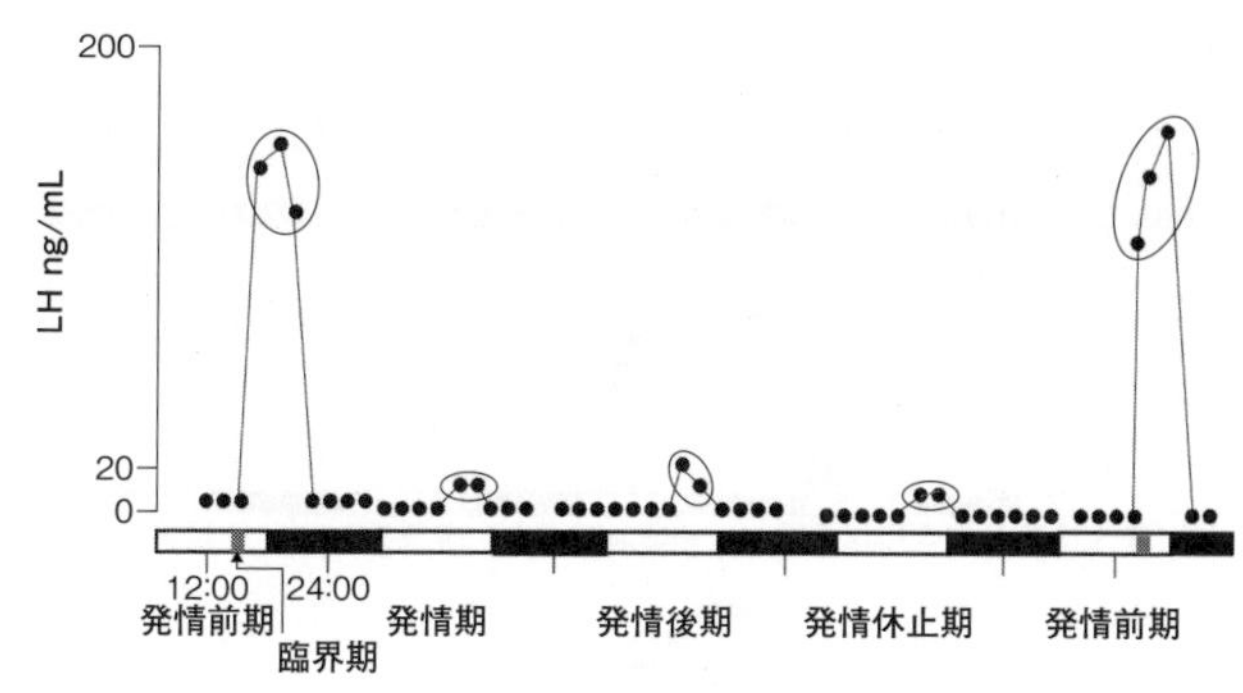

図16　LH分泌の概日性リズム
発情前期以外のステージにも、午後に小さなピークを示す概日リズムが見られる。

す（図15）。この現象は、発情前期の一過性ＬＨサージが概日性を持つ中枢神経機構によって行われていることを示唆しています。

ＬＨサージにおける概日リズムは、発情前期以外のステージ、発情期、発情後期および発情休止期のＬＨの分泌にも見られます。これらのステージには発情前期のような大量のＬＨ分泌は起こりませんが、発情前期の臨界期に一致した時間帯に小さなピークが認められています[19]（図16）。

ＬＨ分泌の概日リズムについて、卵巣摘出ではＬＨ分泌の日内リズムの発現と位相（時期）には影響を与えませんが、その振幅（分泌量）を減弱させます。卵巣摘出ラットにエストロゲンを投与することによりＬＨ分泌の概日リズムの振幅を増強させます。しかも、この場合ＬＨのピークは発

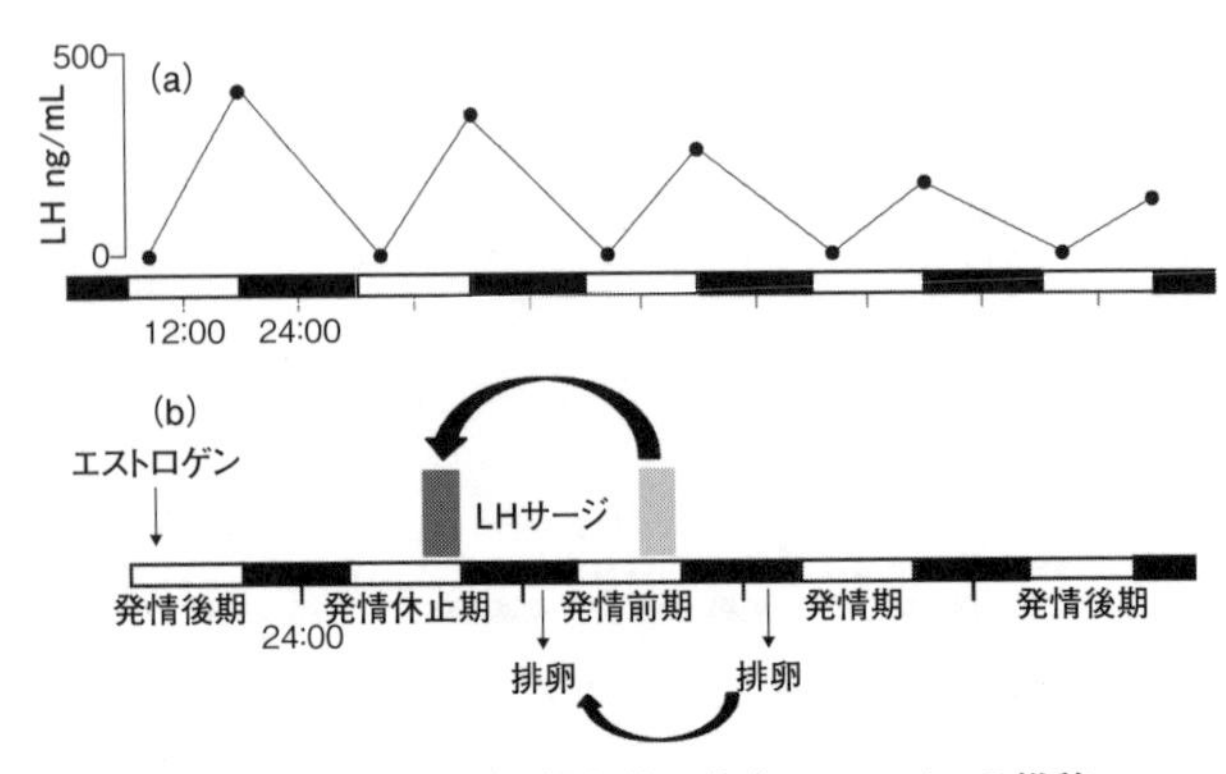

図 17　エストロゲン投与後の血中 LH レベルの推移

(a) エストロゲン移植卵巣摘出ラット、(b) エストロゲン単一投与無処置ラット

情前期の午後に見られるものと同じ時刻に、毎日観察されます[20]。さらに、エストロゲンを発情前期の2日前（発情後期）に投与することにより、排卵性LH放出を1日早めることができます（図17）。このようなLHサージの現象は、性周期の成立においてもエストロゲンの正のフィードバック機構が担っています。ラットの性周期における血中エストロゲンの上昇は発情休止期の夕方より始まり、発情前期の午前にピークがあり、LHRHの放出のピークに先行します。

LH分泌のための神経機構には概日性があって毎日興奮が起こるにもかかわらず、大量のLHサージが発情前期のみに見られます。このことは、発情前期に血中エストロゲンのレベルが最高値を示すことから、LH分泌神経機構の活動における概日リズムのエストロゲンによる増強が1つの要因と考えられます。そのエストロゲンの分泌は卵巣の濾胞の成熟に要する時間因子によって支配されているので、4日または5日に1度のエストロゲンのピークが起こることになります。

要するに、正常明暗交代サイクル下でのラットの性周期はLH分泌の概日リズムを基本とする長周期リズム、つまり概日リズムより周期が長いリズム（28時間以上）であると言えます。

3 妊娠期と概日リズム

妊娠初期には、排卵後に形成される黄体の機能が亢進し、プロゲステロンの分泌が持続的に高まりますが、このプロゲステロン分泌には少なくともラットではプロラクチンの重要性が指摘されています。プロラクチン分泌は、1日に2回の分泌が反復され、夕刻と朝方にピークが見られます（図18）。前者は「夜行性サージ」（nocturnal surge）、後者は「昼行性サージ」（diurnal surge）とよばれています[21,22]。このようなプロラクチン分泌には照明条件が重要なはたらきをしており、連続暗黒下では夜行性サージの発現は見られますが、その発現時刻に規則性がなくなり、個体によっては適当な時間間

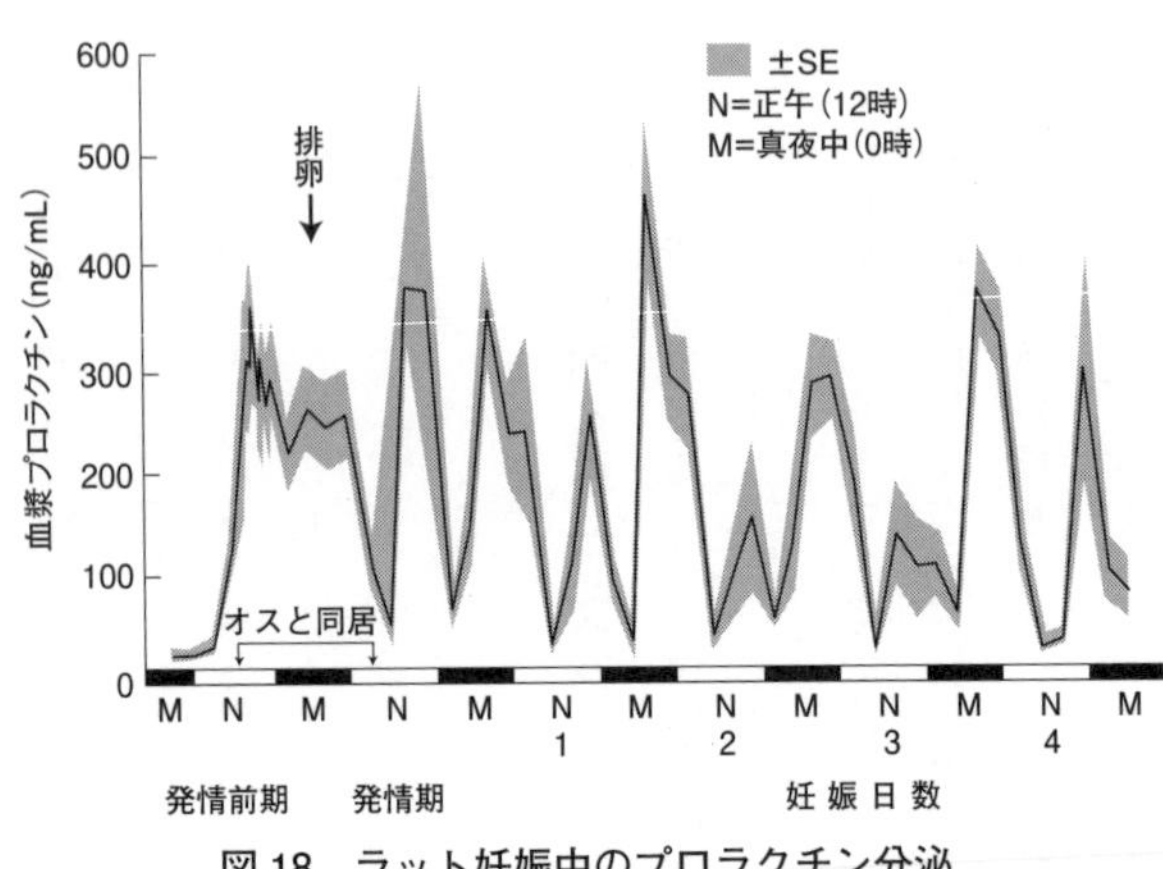

図18　ラット妊娠中のプロラクチン分泌
（Butcher et. al., 1972）

隔での分泌を示すようになります[23]。このことは、下垂体からのプロラクチン分泌を支配している中枢の視交叉上核に眼を通して入力される明暗刺激が大きな要素として関与していることを示唆しています。

ちなみに、この妊娠初期に見られるプロラクチンの分泌パターンは偽妊娠（pseudo-pregnancy）ラットにも観察されています。偽妊娠は、発情前期の夕方にガラス棒での子宮頸管への刺激（交尾刺激）によって作出されます。偽妊娠および妊娠中のプロラクチンの分泌期間を比較すると、偽妊娠ラットでは偽妊娠の全期間（約11日）を通して出現しますが、妊娠では夜行性サージは妊娠10日、昼行性サージは8日に終わると言われています[24、25]。先に述べたように、妊娠中のプロラクチン放出の終了に関しては胎盤性LTHの出現によるものと考えられます。

このようなプロラクチン放出リズムには概日リズムは見られず、「短周期リズム」(ultradian rhythm)が観察されます。

おわりに

哺乳動物の生殖リズムについて、いろいろなホルモン用語が多用されましたが、本章ではGnRH＝LHRH、GTH＝LH＋FSHとして扱っています。
多くのメス動物は性成熟を迎えて生殖可能になった時期に、下垂体からLHが周期的、かつ一過性に大量に放出され、それが引き金(trigger)となって動物固有の周期で排卵を繰り返します。脳内の視床下部に存在する生殖腺刺激ホルモン放出ホルモン(GnRH)とよばれるペプチド産生ニューロンが中枢神経系による生殖リズムに対する重要な役割を担っています。
GnRHは下垂体に作用して性腺刺激ホルモン(GTH)の分泌を調整しています。GnRHニューロンにはGnRHサージジェネレーター(surge generator)とGn

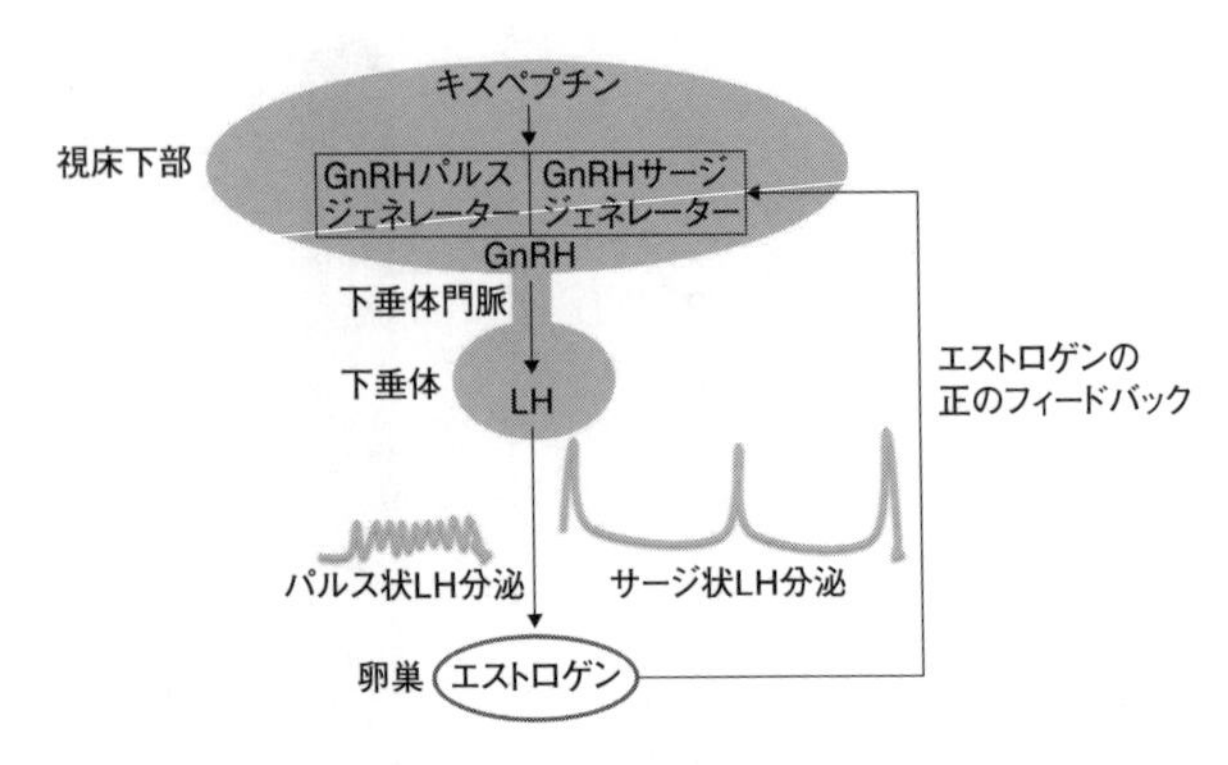

図19　生殖リズムを生み出す視床下部メカニズム

ＲＨパルスジェネレーター（pulse generator）という制御機構が存在しており、この機構に基づいてＬＨサージとＬＨパルスが生じているのです（図19）。ＬＨサージは排卵の直前に見られます。このサージは成熟卵胞から放出される大量のエストロゲンにより誘起されます。一方、ＬＨパルスは卵胞の発育を促し、成熟卵胞を形成します。

最近、ＧｎＲＨのパルス分泌を制御している本体はキスペプチン神経細胞であるとの報告がなされました[26]。キスペプチンは２００１年に発見された新たな神経ペプチドとして知られています。その後、キスペプチンあるいはその受容体遺伝子の変異が生殖機能不全につながること、多くの哺乳動物でキスペプチンがＧｎＲＨの分泌を促進すること、その産生細胞が視床下部に分布していることなど、キスペプチンが生殖に強くかかわっていることが示されています。

最後に、環境の周期性、主として昼夜変化と生体機能との調和を図り、生体機能に概日リズムを与えている「生物時計」について少し触れてみます。

視交叉上核の破壊はラットの排卵時刻、分娩時刻、あるいは偽妊娠時のプロラクチンサージの出現時刻を不規則にします。このことは、排卵や分娩に関与するホルモンの分泌、あるいはプロラクチンサージが視交叉上核の体内時計に制御されていることを示唆しています。また、体内時計の概日リズムの制御遺伝子を欠損したCryKOマウスは早期に性周期の不規則化や不妊を示すことが観察されています[27]。

すなわち、生殖周期における視床下部－下垂体－性腺軸の機能発現には、体内時計の中枢としてはたらく視床下部・視交叉上核の時計情報が必須であると推察されます。

参考文献

1　山内兄人、新井康允：ヒューマン サイエンス、2: 70-80, 1990.
2　Saito TR: Exp. Anim., 36: 91-93, 1987.
3　Ssito TR, et al.: Jpn. J. Vet. Sci., 51: 191-193, 1989.

4 今道友則：脳下垂体、医歯薬出版、pp. 168-184, 1955.

5 Tauchi K: Unpublished Master's Thesis. Nippon Veterinary and Zootechnical College, 1972.

6 Saito TR: Unpublished Master's Thesis. Nippon Veterinary and Zootechnical College, 1973.

7 Tanaka M: J. Reprod. Dev., 48: 103-110, 2002.

8 Numan M: Maternal Behavior, Raven, pp. 221-302, 1994.

9 Sladek M, et. al.: Proc. Natl. Acad. Sci. USA, 101: 6231-6236, 2004.

10 Sumova A, et. al.: FEBS Lett., 580: 2836-2842, 2006.

11 Steven M, et. al.: J. Neurosci., 6: 2724-2729, 1986.

12 Davis FC & Gorski RA: J. Comp. Physiol. A., 162: 601-610, 1988.

13 Pittendrigh CS & Daan S: Science, 186: 548-550, 1974.

14 Van Gool WA, et al.: Brain Res., 413: 384-387, 1987.

15 Cai A, et. al.: Am. J. Physiol. Regul. Integr. Comp. Physiol., 269: R958-R968, 1995.

16 Li H & Satinoff E: Am. J. Physiol. Regul. Integr. Comp. Physiol., 275: R1735-R1744, 1998.
17 Everett JW & Sawyer CH: Proc. Soc. Exp. Biol. Med., 71: 696-698, 1949.
18 Everett JW & Sawyer CH: Endocrinology, 47: 198-218, 1950.
19 Chazal G, et. al.: J. Endocrinol., 75: 251-260, 1977.
20 Butcher RL, et al.: Endocrinology, 90: 1125-1127, 1972.
21 Freeman ME, et al.: Endocrinology, 94: 875-882, 1974.
22 Bethea CL & Neill JD: Endocrinology, 104: 870-876, 1979.
23 Bethea CL & Neill JD: Endocrinology, 107: 1-5, 1980.
24 Smith MS & Neill JD: Endocrinology, 98: 324-328, 1976.
25 Smith MS & Neill JD: Endocrinology, 98: 696-701, 1976.
26 Wakabayashi Y, et. al.: J. Neurosci., 30: 3124-3132, 2010.
27 Nana N, et al.: Cell Reports, 12: 1407-1413, 2015.

第3章

季節繁殖リズム

中尾 暢宏

日本獣医生命科学大学准教授

はじめに

春になると草木は芽吹き、花が咲き、鳥がさえずり私たちの知覚を楽しませてくれます。私たちはカレンダーや時計を利用して〝時〟を知りますが、動植物はどのように〝時〟を測時して季節に適応した生理機能を起こしているのでしょうか?

日照(日長)時間の季節変化は動植物のさまざまな生理機能に変化をもたらします。この性質を「光周性」とよび、植物の花芽形成や昆虫の単為生殖および両性生殖もこのひとつです。脊椎動物における光周性は、季節繁殖、渡り、成長、代謝、体重変化、冬眠、換毛(換羽)、さえずりなどのさまざまな生理機能や行動が知られています。繁殖における光周性は、1925年にRowanにより初めて報告されました。Rowanは、冬に渡りをしているユキヒメドリ(すなわち非繁殖期にあたる鳥)を捕獲し、鳥小屋に入れ春と同じ日長時間で飼育を行い、繁殖を成功させました。このことから、季節繁殖(光周性)は日長により制御されていることが示されました。

ここで、渡り鳥の一種であるニホンウズラについて見てみましょう。ニホンウズラは飼育条件を日照時間の短い短日条件から日照時間の長い長日条件に移行すると、移行日の終わりには生殖腺の発達を促す黄体形成ホルモン（LH）や卵胞刺激ホルモン（FSH）の増加が見られ、短期間で劇的に精巣重量が増加します。このことから光周性の研究分野では、光周性の優れたモデル動物として世界中で用いられています。本章では、季節リズムについてニホンウズラを用いた多くの研究から明らかになってきた光周性のメカニズムを中心に見てみましょう。

季節により繁殖活動が誘起される動物たち

1年のうちある特定の時期だけに繁殖する動物を「季節繁殖動物」と言います。さらに、季節繁殖動物は、「長日繁殖動物」と「短日繁殖動物」に分けられます。これらは、妊娠期間や抱卵期間の違いに関連しています。すなわち、妊娠期間の短いハムスターなどの齧歯目や抱卵期間の短い多くの鳥類、妊娠期間が1年に近いウマは、春から夏にかけて日照時間が延びる時期に繁殖を行うため長日繁殖動物とよばれます。妊娠期間が半年程度のヤギやヒツジやシカなどは、逆に秋から冬にかけて日の短い季節に繁殖を行うため短日繁殖動物とよばれます（図1）。いずれの動物も食物が豊富で育児に最適な時

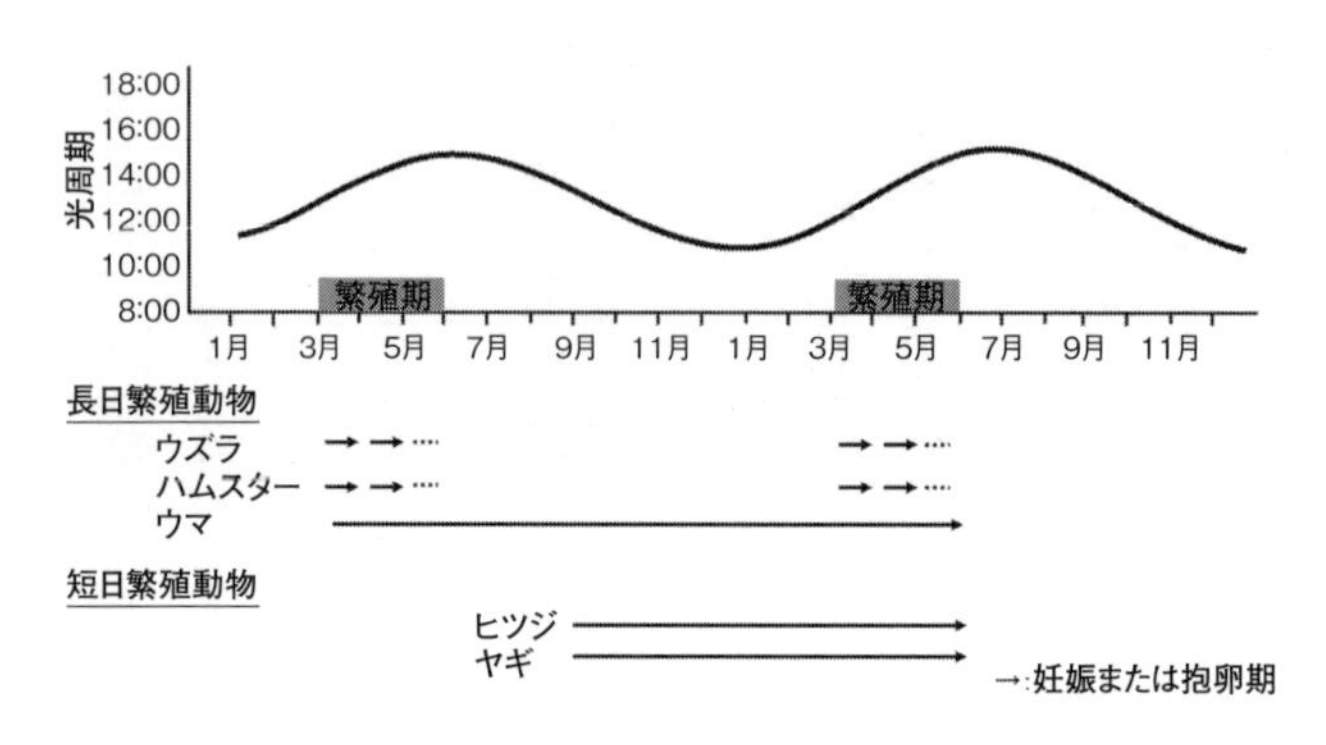

図1　光周期と季節繁殖

期である春から初夏に出産や放卵をして子孫を残しています。このような動物の季節繁殖は、繁殖にかかわるホルモン分泌がある季節だけに増減することにより起こります。

繁殖活動にかかわるホルモン

ホルモンは体の器官で作られ、血液によってほかの器官や組織に運ばれる化学物質であり、多くのホルモンは内分泌腺で作られ、標的細胞に作用することで細胞のはたらきを変えます。その結果、生理機能や動物個体の機能の変化が現れます。これは、ひとつのホルモンが生理機能に作用する場合や、ひとつのホルモンが次のホルモン分泌に作用する場合や、さらにその次のホルモン分泌に作

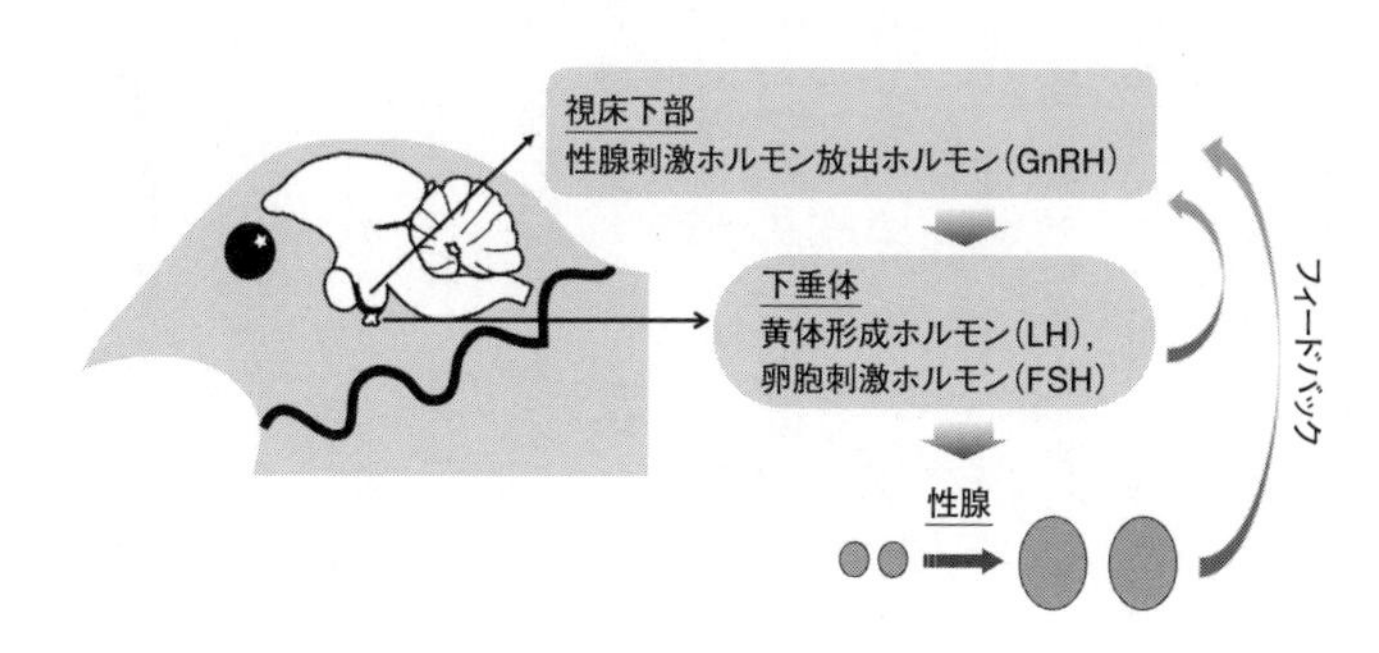

図２　視床下部 - 下垂体 - 性腺軸

用し生理機能に変化を及ぼすことがあります。繁殖活動にかかわるホルモンの作用機序は、後者のほうになります。ホルモンの伝達は、まるでリレーのようですね。

繁殖活動の主軸となるホルモンは、脳の視床下部とよばれる部位から放出される性腺刺激ホルモン放出ホルモン（ＧｎＲＨ）、下垂体の前葉から放出される黄体形成ホルモン（ＬＨ）や卵胞刺激ホルモン（ＦＳＨ）です。はじめに視床下部からＧｎＲＨが分泌され下垂体の前葉に作用することでＬＨやＦＳＨが分泌されます。これらのホルモンの情報は次の標的器官である生殖腺に伝えられます。このようなホルモンのリレーによって、生殖腺が発達し繁殖活動が誘起されます（視床下部―下垂体―性腺軸）（図２）。

季節繁殖を誘起する光はどこで感知する?

光はどこで感知するのでしょうか?

もちろん、私たち哺乳類は、眼(網膜)が唯一の光を感知する光受容器になります。眼で感知された光(日長)情報は、視床下部にある視交叉上核(概日時計の中枢)を経由して松果体に伝わります。松果体では、日長情報をメラトニンとよばれるホルモンの分泌パターンに変換して生体内に日長情報を伝達します。このメラトニンを分泌する松果体を除去した長日繁殖動物のハムスターは、日長の変化を読み取ることができなくなり、生殖腺の発達や体重の増減、換毛などの光周性が消失します。さらに、松果体を除去したハムスターにメラトニンを数時間(4~6時間)投与して長日条件を再現するとLHの血中濃度の上昇が見られ生殖腺が発達します。

短日繁殖動物においてもメラトニンは、季節繁殖活動を制御しています。ただし、長日繁殖動物と短日繁殖動物では、メラトニンの反応性が逆転しています。すなわち、ヒツジなどの短日繁殖動物では、前述のハムスターの実験と同様に松果体を除去して長日条件を再現するメラトニンを投与すると、LHのパルス状分泌(繁殖可能な時期に見られる持続的なパルス状の分泌）の減少や排卵周期の変化を起こします。いずれにしても、哺乳類の季節繁殖は松果体から分泌されるメラトニンの分泌パターンによって決定されています。

眼以外でも光を感じることができる―脳深部光受容器の発見―

哺乳類以外の脊椎動物は眼以外にも松果体や脳深部で光を感知することができるのです。これらの動物の季節繁殖にはどの光受容器が機能しているのでしょうか？ 鳥類においても、メラトニンの分泌パターンは日長の情報を反映していますが、鳥類のメラトニンは光周性の制御に関与していないのです。なぜなら、鳥類においてメラトニンの合成部位である眼や松果体を除去しても光周性は正常に起こるからです。

光周性を示す鳥類や昆虫では、脳への直接な光照射が繁殖や変態を誘起することが知られています。Benoitは、盲目アヒルの光性腺反射は正常であるが、黒いキャップを頭に被せたアヒルは正常でないことから、鳥類の脳内光受容を発見しました。その後、脳内の局所に光ファイバーや発光ビーズを埋め込み、光を照射する実験を行いました。

その結果、精巣の発育が見られたことから、光周性を誘起させる光は脳内の視床下部内側基底部（ＭＢＨ）で受容されていることが示唆されました。その実体は長らく不明でしたが、ニホンウズラのＭＢＨの室傍器官で発現している光受容分子のオプシン５（ＯＰＮ５）が季節繁殖を制御する脳深部光受容器であることが証明されています[1]。まさか脳の中で光を受容できるとは驚きですね。

光周性には連続した光は必要ない

先に述べたように、光周性は日長により制御されていますが、ある時間帯に光が当たれば光周性が起こることがわかっています。極端に言えば、3日間のうち54時間の暗期が続いても決まった時間帯に光が当たれば光周性が誘起されるというのです。Hamnerは明期を6時間に固定し暗期を6、18、30、42、54、66時間の光条件でフィンチを飼育し精巣の発育を指標に光周性の誘起を観察しました（Hamnerの共鳴実験とよばれています）。すると、18、42、66の暗期を設けた区では精巣の発達は見られませんでしたが、ほかの群においては精巣の発達が見られました。このことから光に感受性のある時間帯

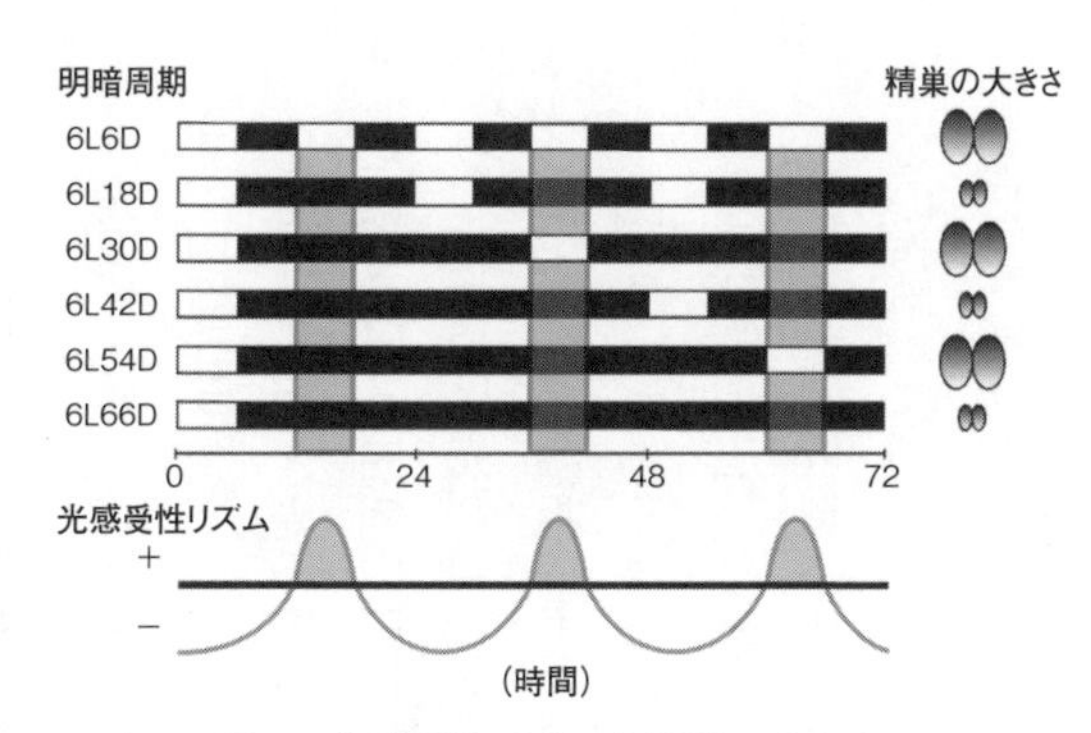

図3　光感受性リズムと精巣の大きさ

明期を6時間(6L)に固定しさまざまな時間に暗期(D)をもうけると、光感受性リズムの(＋)の位相に光の当たる6L6D,6L30D,6L54Dの明暗周期のみ精巣の発達が見られます。

（位相）が存在して（光感受相あるいは光誘導相とよばれています）、その光感受性には24時間の周期性があることが推察されます（図3）。

さらに、ウズラでも同様の結果が得られています。またFollettらは、スズメ目のミヤマシトドを短日条件（8時間明期：16時間暗期）で飼育した後に長い暗期を与えて、本来なら短日と認識する8時間の光照射をいろいろな時間に与えて血中LHを測定しました。その結果、LHの増加はおよそ24時間の周期で増減していたことから、長い暗期中でも光感受性のリズムはおよそ24時間周期で維持され、内因性の概日時計によって駆動されていることが示されました。以上のことより、鳥類の光周性は光（日長）の長さと概日時計（光周時計）により制御されているのは明確です。

光周性と概日時計

光周性と概日時計との関連性については、いくつかのモデルが提案されています。まず、Bünningのモデルは、光周性における時間測定は明暗のサイクルに同調した概日時計の位相と光の関係で決まるという考えです。つまり、明暗のサイクルに同調した概日時計の周期の中に、明を好む相（親明相）と暗を好む相（親暗相）の2相があり、親暗相に光が当たると長日反応が起きるというものです。しかし、実際、前項で記したように親暗相のある決まった暗期の時間帯に光を当てると長日と認識します。その後、Bünningのモデルを基にPittendrighは、外的符合モデルを提案しています。Bünningのモデルとの違いは、概日時計の同調因子としての明暗のサイクルと、光が感受性の高い位相（光感受相あるいは光誘導相）に当たるかどうかという光の持つふたつの作用を区別して考えている点です。さらにTyschenkoは、日暮れと夜明けの信号によって位相が変えられるふたつの概日時計を仮定し、それらの位相の関係によって日長が測定されるしくみを考え、内的符合モデルを提案しています。いずれのモデルにおいても光周性に概日時計がかかわっていることは明らかです。

それでは、光周性にかかわる概日時計は、どこに存在するのでしょうか？ 鳥類の概日時計は脳内の視交叉上核や松果体、網膜に存在しますが、光周性にはこれらの部位は必須ではありません。そこで、概日時計を構成する時計遺伝子（*Per2*, *Per3*, *Clock*, *Bmal1*, *Cry1*, *Cry2*, *E4bp4*）の詳細な発現様式が長日および短日条件におけるウズラにおいて検討されました。ＭＢＨにおける時計遺伝子の発現様式は長日や短日条件にかかわらず安定した概日リズムが存在すること、さらに光感受相に光刺激を与えても時計遺伝子の発現様式に変化は見られないことから、ＭＢＨに存在する時計遺伝子は日長情報に左右されない「光周時計」として光感受相の維持にはたらいていると考えられています[2]。

光周性の中枢である視床下部内側基底部

ウズラを用いた多くの研究より、光周性を制御する中枢部位の探索がされています。たとえば、視床下部内側基底部（ＭＢＨ）に含まれる漏斗核や正中隆起、視床下部背側部を局所的に破壊すると、性腺の発達を促すＧｎＲＨニューロンが無傷にもかかわ

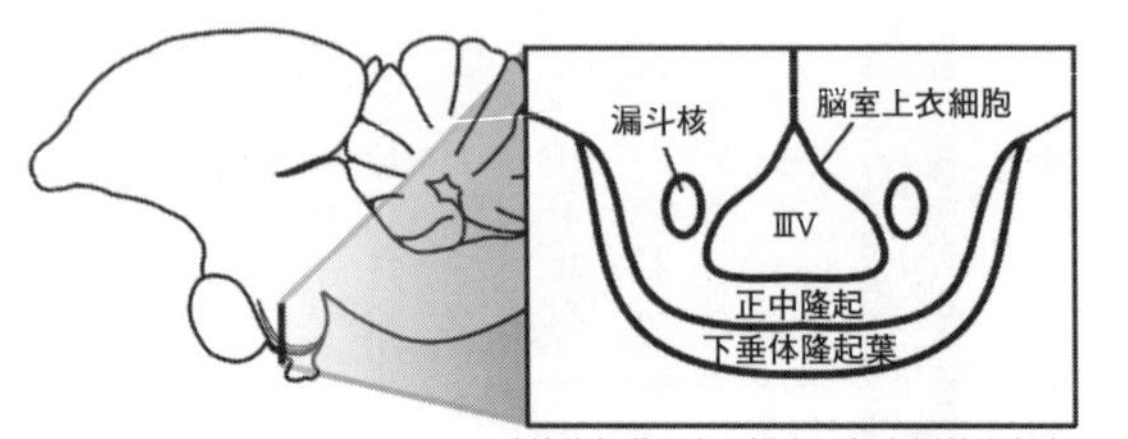

図４　ニホンウズラ頭部の矢状断面と視床下部内側基底部（MBH）の前額断面の模式図
Ⅲ V: 第三脳室

らず繁殖期にあたる長日条件下におけるＬＨの上昇や生殖腺の発達を阻害します。また、ＭＢＨの電気的な刺激は、非繁殖期にあたる短日条件でもＬＨの上昇や生殖腺の発達を促します。さらに、活性化した神経細胞のマーカーである最初期遺伝子のＦｏｓ様免疫反応は、光周反応時に特異的にＭＢＨで発現することが調べられています。これらの報告よりＭＢＨは、光周性に重要な構成要素（光入力、光周反応開始時の神経活動、内分泌系への出力、光周時計の存在）がすべて含まれていることから光周性の中枢であると考えられています（図４）。

光周性と甲状腺ホルモン

季節繁殖における光周性の中枢であるＭＢＨ

(a)

核の中　核の外（細胞質）
DNA → RNA → RNA → タンパク質 → 完成品
複製　転写　編集　翻訳　品質管理

DNAは情報でありmRNAを通じ、機能を持ったタンパク質が作られる。

「一旦、“情報”がタンパク質まで流れてしまうと、後戻りはできない」

フランシス・クリック

(b)

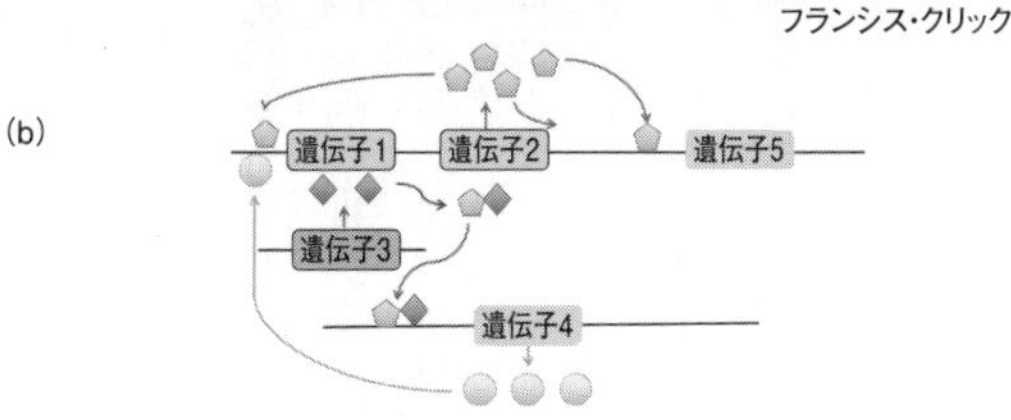

図5　遺伝子とタンパク質の関係

(a) セントラルドグマ（中心原理）、(b) 遺伝子情報から機能を持つタンパク質が作られると、そのタンパク質は他の遺伝子の活性化を制御したり、他のタンパク質と複合体を形成したりします。

で何が起こっているのでしょうか？ その前に少し、遺伝子とタンパク質のお話をしましょう。生命の設計図とも言われるゲノムには、さまざまな遺伝情報が書き込まれています。遺伝情報は、デオキシリボ核酸（DNA）が持っており、DNAをもとにリボ核酸（RNA）が合成されることによってRNAに伝達され（転写）、RNAの遺伝情報は機能を持つタンパク質へと伝わっていきます（翻訳）（図5a）。この流れは「セントラルドグマ（中心原理）」とよばれ、この流れに沿って遺伝子情報から機能を持つタンパク質が細胞内で作られます。これらの遺伝子から作られたタンパク質は、ほかの遺伝子の活性化を制御して混み合ったネットワークを作っています。そして、あるひとつの遺伝子の効果は、ほかの遺伝子のはたらきを制御している場合が多くあります（図5b）。では、光周性の中枢であるMBHで何が起こっているのか、遺伝子のはたらきから見てみましょう。

光感受相に光を照射したウズラと照射しなかったウズラからMBHを取り出し、Differential subtractive hybridization 法と言う方法で光照射により発現誘導される遺伝子の探索が行われました[3]。その結果、2型脱ヨウ素酵素（type 2 deiodinase [*DIO2*]）がMBHの視床下部背側部で光誘導されること、長日条件ではMBHの視床下部隆起基底部で発現誘導されることが明らかになりました。DIO2は、甲状腺ホルモンのチロキシン（thyroxine, [T_4]）を活性の強いトリヨードチロキシン（triiodothyronine, [T_3]）に脱ヨウ素化する酵素です。

甲状腺ホルモンの生理作用は、代謝、成長、成熟、体温調節、変態、換毛（換羽）などが知られており、ほとんどのT_3は、必要とされる組織においてこのDIO2によりT_4が触媒されて作られます。すなわち、長日条件下のMBHでは、T_4からT_3が生成されていると考えられます。このことは、長日条件下のMBHのT_3とT_4の濃度は、短日条件と比べると約10倍高いことからも説明されます。T_4濃度もT_3と同様に高いのは、甲状腺ホルモンの輸送体である有機陰イオントランスポーター（OATP1c1）により脳内

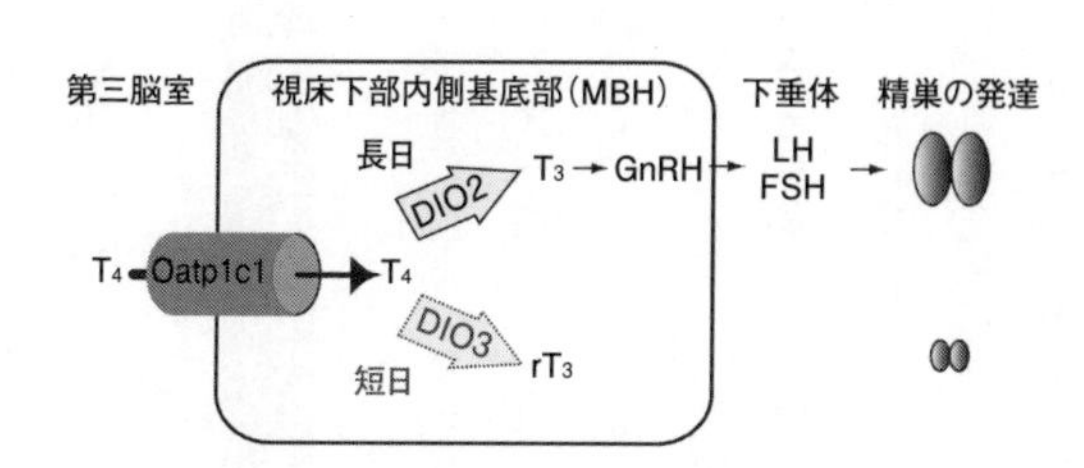

図6　視床下部内側基底部における甲状腺ホルモンの濃度調節
有機陰イオントランスポーター（OATP1c1）を介して視床下部内側基底部に取り込まれたサイロキシン（T_4）は、短日ではDIO3によって非活性型のrT_3となるが、長日ではDIO2により活性の強いT_3に変換されGnRHの分泌を促し性腺が発達します。

への取り込みが促進されたためと考えられています（図6）。

　また、非繁殖期にあたる短日条件で飼育したウズラの脳室内へのT_3あるいはT_4の慢性投与は、T_3投与群で有意に精巣の発達を促します。逆に、長日条件下においてDIO2の阻害剤によってDIO2のはたらきを抑えると、精巣の発達が抑制されます[3]。さらに長日刺激によりMBHにおいて局所的に生成されたT_3は、正中隆起のグリア細胞の終足とGnRHニューロンの神経終末の形態変化を起こします。この形態変化により分泌されるGnRHよってLHの分泌が制御され精巣が発達します（視床下部―下垂体―性腺軸）（図2参照）。逆に、短日条件においては、MBHにおいて3型脱ヨウ素酵素（type 3 deiodinase

〔*DIO3*〕の発現誘導により甲状腺ホルモンは不活性型のリバース T_3〔rT_3〕に変換され性腺の発育が抑制されます。このように、MBHにおけるDIO2とDIO3による巧みな甲状腺ホルモンの濃度バランスにより季節的な性腺の発育が制御されています。

哺乳類においてもMBHの*DIO2*と*DIO3*は光周性の鍵遺伝子である

哺乳類においても破壊実験による同様の結果から、MBHは光周性の制御部位であると考えられています。さらに、多くの哺乳類において甲状腺ホルモンは季節繁殖にかかわっていることが知られており、鳥類と同様にMBHにおけるDIO2の関与が推察されます。たとえば長日繁殖動物であるシベリアンハムスターの長日条件下における*DIO2*の遺伝子発現は、MBHにおいて第三脳室の上衣細胞および視床下部の灰白漏斗溝の背側で短日条件下よりも強く発現しています。さらに、長日条件下で飼育したハムスターに哺乳類の光周性を制御するメラトニンを腹腔内投与し短日条件を再現すると、投与群では*DIO2*の遺伝子発現が抑制されます。また、ハムスター、ヤギ、マウスなどの哺乳類においても*DIO2*のみならず*DIO3*も光周性の鍵遺伝子あることが明らかになってい

ます。このように、光の入力系が鳥類（ＯＰＮ５）と哺乳類（メラトニン）で異なるものの、*DIO2*と*DIO3*による光周性の制御は哺乳類においても保存されています。

光周性のマスターコントロール遺伝子

DIO2が光周性制御の司令塔であることは明らかですが、さらにその上に監督的な役者は存在するのでしょうか？それを調べる方法として、先に紹介したDifferential subtractive hybridization法のほかに、ＤＮＡマイクロアレイによる網羅的遺伝子発現解析とよばれる方法があります。簡単にこのＤＮＡマイクロアレイを述べると、その時その場所（部位）で発現している多数の遺伝子を一度に網羅的に解析をする方法になります。すなわち、ＤＮＡマイクロアレイは*DIO2*の発現を制御している遺伝子（役者）やDIO2により生成されるT_3に制御される遺伝子を一網打尽にできるのです。

ウズラはたった1日の長日刺激でＬＨとＦＳＨが分泌されます。さらにそのＬＨの分泌に先行して、ＭＢＨで*DIO2*と*DIO3*遺伝子の発現変動が起こります。そこで、このホルモンの分泌と遺伝子発現変動に着目して光周性を制御するマスターコントロール因子（監督的な役者）の同定がＤＮＡマイクロアレイを用いて行われました[4]。その結果、24時間周期で日内変動している77個の遺伝子が同定されました。光周性の本質である概日時計がどのように光周性の制御にかかわっているかを解明するための手掛かりは、この日内変動する遺伝子群の中に存在するかもしれません。

さらに、長日条件1日目のＬＨの分泌増加に先行してふたつの波状発現を示す遺伝子群が単離されています。ひとつ目の波状発現は、下垂体隆起葉と言う部位で発現変動する2遺伝子（甲状腺刺激ホルモンβサブユニット〔*TSHB*〕とアイズアブセント3〔*Eya3*〕）を含み、それから約4時間遅れてふたつ目の波状発現の遺伝子（*DIO2*を含む11遺伝子）がＭＢＨで発現変動しています（図7）。これらの波状発現のタイミングから*DIO2*の遺伝子発現を制御する遺伝子は、*DIO2*の遺伝子発現に先行して発現する*TSHB*または*Eya3*である可能性が考えられます。

このふたつの遺伝子の発現解析から、*TSHB*に着目すると、①TSH-Bとヘテロダイマーを形成する糖タンパク質ホルモンαサブユニット（CGA）の遺伝子発現が*TSHB*の発現部位と同じ下垂体隆起葉に見られること、長日刺激初日に下垂体隆起葉でTSH-B免疫陽性細胞が検出されること、②TSHの受容体である*TSHR*の発現が

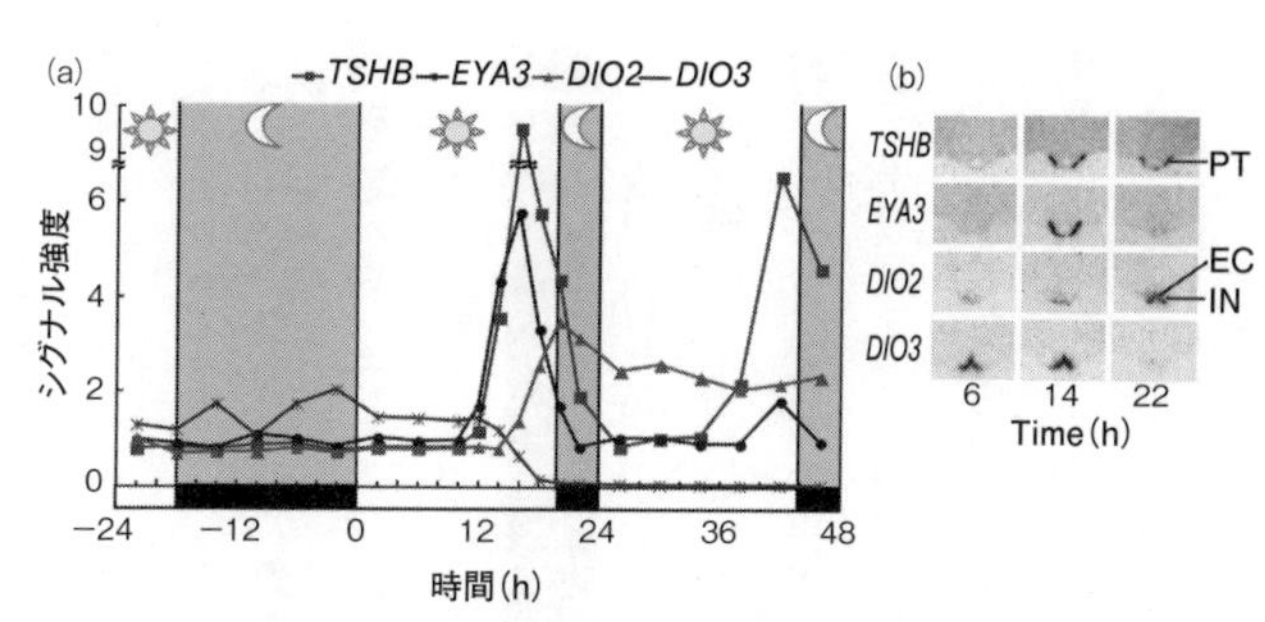

図7　日長の延長により誘導される
TSHB, *EYA3*, *DIO2*, *DIO3* mRNAの発現様式

(a) 短日から長日に移行した際の光周性鍵遺伝子の経時的な遺伝子発現
(b) MBHにおける光周性鍵遺伝子の時刻依存的な発現
PT：下垂体隆起葉、EC：第三脳室上衣細胞、IN：漏斗核

DIO2 遺伝子の発現部位である第三脳室上衣細胞と下垂体隆起葉に観察されること、放射性同位体で標識された ^{125}I-TSH を用いた結合実験において、第三脳室上衣細胞、下垂体隆起葉および漏斗核に結合性を示すこと、③ TSH による *DIO2* の転写調節を調べる実験から、長日刺激によって下垂体隆起葉で産生される TSH は、MBHにおいて TSHR を介して光周情報を伝達していることが明らかにされています。実際に、短日条件で飼育しているウズラに明期開始から16時間後（暗期にあたります）に TSH を脳室内投与をすると、長日初日に見られる *DIO2* を含む波状発現の遺伝子が発現誘導されます。逆に長日初日の明期開始から12～18時間後の TSH が発現誘導される時刻に抗 TSH-B

抗体を投与してTSHの機能を阻害すると、*DIO2*などの遺伝子の発現誘導は抑制されます。

興味深いことに、この下垂体隆起葉におけるTSHによるメカニズムは、ハムスター、ヒツジ、マウスなどの哺乳類でも保存されています。さらにこれらにおいても、日長情報を伝えるメラトニンはTSHの制御にかかわっているのです。

アイズアブセント3による甲状腺刺激ホルモンβサブユニットの転写制御

周年繁殖であるマウスは、光周性の解明に不向きのモデル動物として思われますが、前述のように近年の光周性の解明に貢献しています。なんといってもマウスの強みは、遺伝子改変マウスや突然変異マウスが存在し、分子生物学的情報の蓄積が多いことです。先にも述べたように、哺乳類における日長情報伝達物質はメラトニンです。マウスが光周性の研究で不向きなのは、実験に用いられている多くの系統のマウスが遺伝的にメラトニンを合成できないのも理由のひとつです。しかし、C57BL/6Jマウスのようにメラトニン合成はできないが、メラトニンの受容体を持っているマウスは、外からメラトニンを投与すると光周性制御遺伝子の発現変動が見られます。一方、メラトニン合成のできるCBA/Nマウスは日長の変化を脳内で捉えられるため、光周性のモデル動物として利用できることが示されています[5]。また、メラトニン合成ができないことで、オスマウスは早く成熟するそうです。実験室で作られたマウスにこのような違いがあるのは、面白いですね。

ここで、さらにTSHの上にも役者がいるのでしょうか？ きりがありませんね。しかし、光周性の全貌を理解するためには重要なことです。CBA/Nマウスを用いた光周性の制御遺伝子の網羅的遺伝子発現解析がこの疑問に答えてくれます[6]。この実験では、短日条件で飼育しているCBA/Nマウスに明期開始時間を8時間前進（すなわち朝が8時間早く来ることになります）させることで光周性を誘導させています。この光周性の誘導時における包括的な遺伝子発現解析により、下垂体隆起葉で発現するTSHBのほかに新たな役者が浮かび上がってきます。その役者は、なんとウズラにおいても確認されているEya3です。

マウスに光周性を誘起させるとすぐに反応する遺伝子が34個ありますが、その中の転写共役因子の機能を持つ*Eya3*は、転写因子のSine oculis-related homeobox

1 homolog（*Drosophila*）（Six1）と共同で *TSHB* の遺伝子発現を誘導します。さらに、Thyrotroph embryonic factor（Tef）と Hepatic leukemia factor（Hlf）により *TSHB* の発現を相乗的に促進することから、光周性の司令塔遺伝子として同定されています。ヒツジにおいても同様に長日条件は下垂体隆起葉における *Eya3* の遺伝子発現を促すことや、*Eya3* による *TSHB* の転写制御が明らかにされています。

甲状腺刺激ホルモンは性腺機能の維持にもはたらいている

光周性の初期のイベントでは *TSH* や *EYA3* が活躍していますが、光周性が表現される時の役者は何になるのでしょうか？　短日条件または長日条件で2週間飼育した際のウズラのＭＢＨについてもマイクロアレイ解析による網羅的遺伝子発現解析が行われ *TSHB* と *CGA* は慢性的な長日条件下においても発現が誘導されていることが確認されています[4]。さらに、短日条件で飼育したウズラの脳室内に持続的に2週間 TSH を投与すると、短日条件にもかかわらず *DIO2* が発現誘導され、長日条件下で飼育したウズラと同等の大きさまで性腺が発育します。このように遺伝子の流れの一部を操作すると、

TSHが繁殖期を知らせるマスター遺伝子としてだけでなく性腺の維持にも重要であることが見えてきます。

このほかにも、183個の遺伝子が慢性的な長日刺激により発現変動しています。この中には、光周性の鍵遺伝子である*DIO2*や*DIO3*のほかに、繁殖や摂食、成長に関与する遺伝子が含まれています。このことから、TSHが性腺の発育と維持のみならずほかの生理作用、たとえば繁殖期における摂食や成長などの制御にもかかわっていると考えられます。このように、ひとつのTSHと言うホルモンが多数の遺伝子のはたらきを制御していることが推察できます。

魚類における季節センサー

魚類には下垂体隆起葉そのものがなく、哺乳類や鳥類のような季節を感知するしくみが異なります。魚類はどこで季節を感知しているのでしょうか？　短日条件で繁殖をするサクラマスを用いた実験より、①脳の腹側に位置する血管嚢と言う部位で光周性の鍵遺伝子の*TSH*や*DIO2*が日照時間に適応して発現変動していることや、②血管嚢を

取り出して実験室で日照条件を変えて培養すると、この血管嚢は日長条件に順応した*TSHB*や*DIO2*の発現を示すことや、③血管嚢を外科的に摘出したサクラマスは生殖腺の発達する短日条件下においても生殖腺は発達しないことから、血管嚢が繁殖活動を制御する「季節センサー」としてはたらいていることが示されています[7]。サクラマスにおいても哺乳類や鳥類で明らかになった共通の分子が使われていることは、興味深いですよね。

季節リズムの理解から

みなさんは日頃から、鶏卵やその加工品を口にしていると思います。日々これらを食することのできる背景には、切断型選抜による家禽の改良があります。これにより産卵鶏のニワトリは1年を通して季節非依存的に毎日産卵をします。一方、ニワトリの原種とされる赤色野鶏は繁殖期である春に産卵します。家禽化されているニワトリは光感受性が弱いですが、季節を感知している赤色野鶏は、ニホンウズラと同様な光感受性を示し繁殖活動を行います。すなわち、長日刺激は、*TSHB*遺伝子や*DIO2*遺伝子の発現誘

導を示し、血中LHの濃度の上昇や精巣および卵巣重量を増加させます。

このような繁殖性の違いの要因のひとつは、赤色野鶏とニワトリのTSHR受容体の遺伝情報の違いのようです。TSHR受容体は季節リズムを伝えるTSHの情報を受け取るパーツですが、このパーツの異常が毎日の産卵を促しているのかもしれませんね。季節リズムを理解することで、特定の時期にしか繁殖を行わない家畜、家禽、魚類の繁殖性の向上に応用できると期待できます。また、季節の移り変わりは、私たちヒトにおいて疾病の原因になることがあります。そのひとつとして、季節性感情障害と言う疾患があり、日照時間の減少する秋から冬にかけて発症し気分が落ち込みます。季節リズムの研究は、このような季節的な疾患の理解にも貢献できるのではと期待されています。

おわりに

季節リズムを刻む共通の因子は、種を超えてTSHやDIO2、DIO3であるでしょう。今後の課題は、光周性の全貌を明らかにするためにTSHがどのように時刻依存的光誘導を受けて産生されているのか、光周時計設定のしくみを理解することです。

従来TSHは視床下部から分泌される甲状腺刺激ホルモン放出ホルモン（TRH）が下垂体前葉に作用することで産生されて甲状腺に作用するホルモンです。しかし、季節を知らせるTSHは従来の常識とは異なり、下垂体隆起葉―視床下部軸を形成しています。言い換えれば、TSHは、TRHの制御下でなく、メラトニンや光情報により制御され、脳内の視床下部に作用しています。下垂体と下垂体隆起葉の両部位から分泌されるTSHは間違いなくそれぞれの役割を果たしています。下垂体隆起葉のTSHはTSHのタンパク質に付加されている糖鎖の違いにより特異的に血液中で免疫グロブリンやアルブミンに捕捉されることで甲状腺に作用できないようになっているのです[9]。ひとつの遺伝情報を書き換えることなく、ふたつも役割を持たせるとは生物には度肝を抜かれますね。

季節リズムの解明とともに、その中枢的役割を果たしている下垂体隆起葉は注目を浴びています。下垂体隆起葉はこれまでにTSH、LHやFSHの抗体を用いた免疫組織化学や超微細構造の研究により、ホルモン産生細胞の存在や性周期に伴う細胞の形態変化が起こることが知られています。また哺乳類の下垂体隆起葉では、光周情報を受容するメラトニン受容体が高発現し、季節的なプロラクチン分泌に関与していることから、内分泌系の中継部位とも考えられています。いずれにしても、下垂体隆起葉の詳細な機能については不明な点がまだ残っており、今後解明していかなければなりません。

参考文献

1 BNakane Y, et al.: Proc. Natl. Acad. Sci. USA, 107: 15264-15268, 2010.
2 Yasuo S, et al.: Endocrinology, 144: 3742-3748, 2003.
3 Yoshimura T, et al.: Nature, 426: 178-181, 2003.
4 Nakao N, et al.: Nature, 452: 317-322, 2008.
5 Ono H, et al.: Proc. Natl. Acad. Sci. USA, 105: 18238-18242, 2008.
6 Masumoto K, et al.: Current Biology, 20: 1-8, 2010.
7 Nakane Y, et al.: Nature Communications, 4:2108, DOI: 10.1038/ncomms3108, 2013.
8 Ono H, et al.: Animal Science Journal, 80: 328-332, 2009.
9 Ikegami K, et al.: Cell Reports, 9, 801-809, 2014.

田中 実

日本獣医生命科学大学名誉教授

1950年三重県生まれ。三重大学大学院農学研究科修士課程修了。医学博士。三重大学医学部助手、講師、助教授、日本獣医生命科学大学応用生命科学部教授を経て2015年4月より現職。1986年9月～1988年8月、米国エール大学に留学。専門は神経内分泌学、分子生物学、生化学。現在、Frontiers Veterinary Science誌Associate Editor、学校法人食糧学院非常勤講師。著書に、『母性をめぐる生物学』（共著、アドスリー）、『ストレスをめぐる生物学』（共著、アドスリー）、『人間動物関係論』（共著、養賢堂）。

斎藤 徹

日本獣医生命科学大学名誉教授

1948年三重県生まれ。日本獣医畜産大学大学院獣医学研究科修了。獣医師。獣医学博士。（財）残留農薬研究所毒性部室長、杏林大学医学部講師、群馬大学医学部非常勤講師、日本獣医畜産大学獣医学部助教授、教授を経て2014年4月より現職。日本アンドロロジー学会名誉会員、日本実験動物学会生涯実験動物医学専門医、日本実験動物協会実験動物技術指導員、早稲田大学動物実験審査委員会専門委員、NPO法人小笠原在来生物保護協会副理事長。1983～86年、米国立衛生研究所（NIH）、シカゴ大学、1997～98年、カロリンスカ研究所に留学。専門は行動神経内分泌学。現在、瀋陽薬科大学客員教授、内蒙古農業大学招聘教授、学校法人食糧学院非常勤講師など。著書に『母性と父性の人間科学』（共著、コロナ社）、『脳の性分化』（共著、裳華房）、『脳とホルモンの行動学』（共著、西村書店）、『実験動物学』（共著、朝倉書店）、『実験動物の技術と応用（入門編、実践編）』（編集、アドスリー）、『猫の行動学』（監訳、インターズー）、『Prolactin』（共著、InTech）など。

中尾　暢宏

日本獣医生命科学大学准教授

1973年岡山県生まれ。三重大学大学院医学研究科修了。医学博士。名古屋大学大学院生命農学研究科産学官連携研究員、日本学術研究員特別研究員、日本獣医生命科学大学応用生命科学部助教、講師を経て2015年4月より現職。専門は分子生物学、時間生物学。

体内リズムをめぐる生物学

2020年3月20日　初版発行
田中 実　編著

発　行　株式会社アドスリー
〒164-0003　東京都中野区東中野4-27-37
ＴＥＬ：03-5925-2840
ＦＡＸ：03-5925-2913
E-mail：principal@adthree.com
ＵＲＬ：https://www.adthree.com

発　売　丸善出版株式会社
〒101-0051　東京都千代田区神田神保町2-17
神田神保町ビル6F
ＴＥＬ：03-3512-3256
ＦＡＸ：03-3512-3270
ＵＲＬ：https://www.maruzen-publishing.co.jp

印刷製本　日経印刷株式会社

ISBN978-4-904419-93-9 C1045

定価はカバーに表示してあります。
乱丁、落丁は送料当社負担にてお取替えいたします。
お手数ですが、株式会社アドスリーまで現物をお送りください。